普通高等教育（高职高专）
艺术设计类『十二五』规划教材

居住空间室内设计

主 编　孙卉林　宋秀英

副主编　刘　莉　郝　婷

主 审　夏万爽

中国水利水电出版社

www.waterpub.com.cn

·北京·

内 容 提 要

本书系统地介绍了居住空间室内设计的内容及方法，主要内容包括：基础知识的认知、总平面布局组织设计、重点立面设计、顶面造型设计、绿化陈设设计、居住空间设计整周实训等。

本书内容新颖，系统全面，图文并茂，内容由浅入深，在强调理论基础的同时更重视实践操作能力与创造性思维的培养。

本书可作为高等院校、高职高专、成人、函授、网络教育和自学考试专业培训等艺术设计类专业学生的教材或教辅使用，也可供相关专业人士参考。

图书在版编目（CIP）数据

居住空间室内设计 / 孙卉林，宋秀英主编. -- 北京
：中国水利水电出版社，2012.10（2021.8重印）
普通高等教育（高职高专）艺术设计类"十二五"规
划教材
ISBN 978-7-5170-0035-8

Ⅰ. ①居… Ⅱ. ①孙… ②宋… Ⅲ. ①住宅-室内装
饰设计-高等职业教育-教材 Ⅳ. ①TU238

中国版本图书馆CIP数据核字(2012)第238872号

书　　名	普通高等教育（高职高专）艺术设计类"十二五"规划教材 **居住空间室内设计**	
作　　者	主编 孙卉林 宋秀英 副主编 刘莉 郝婷 主审 夏万爽	
出版发行	中国水利水电出版社 （北京市海淀区玉渊潭南路1号D座　100038） 网址：www.waterpub.com.cn E-mail：sales@waterpub.com.cn 电话：（010）68367658（营销中心）	
经　　售	北京科水图书销售中心（零售） 电话：（010）88383994、63202643、68545874 全国各地新华书店和相关出版物销售网点	
排　　版	北京时代澄宇科技有限公司	
印　　刷	清淞永业（天津）印刷有限公司	
规　　格	210mm×285mm　16开本　9.5印张　306千字	
版　　次	2012年10月第1版　2021年8月第4次印刷	
印　　数	8001—10000册	
定　　价	49.00元	

凡购买我社图书，如有缺页、倒页、脱页的，本社营销中心负责调换

QIANYAN 前　言

　　建筑装饰设计行业应运建筑业的兴盛而生，随着国民生活的日益提高，室内设计在人们的衣、食、住、行和工作学习中具有举足轻重的作用，室内设计的质量关系到人们生活的品质，对人们生活方式具有直接的引导作用。

　　室内设计专业在我国高职高专院校普遍开设，或是依托土建专业方向或是依托艺术专业方向。本专业的相关教材也多是浏览图片的鉴赏书籍或是纯理论的教授书籍，可操作性不强，不能体现教育部教学可操作性、学生可实践性的要求。鉴于此，我们和中国水利水电出版社合作，编写了这套教材，同时也是高职高专室内设计专业教育教学改革的具体体现。

　　本书为室内设计专业或装饰专业二年级使用，本书以家装工程接单的工作流程为依据进行编写，使家装设计课程的教授更具有针对性实用性，更利于学生及相关专业人员学习，使学习更具方向性和专业性，增添了学习兴趣，同时又为今后的工作打下基础，起到借鉴作用。

　　本书强调工作的过程性，围绕解决工作任务引出相关原理知识。专业实训结合原理设置，依照由简单到复杂的顺序，增强学生动手的信心，培养独立思考的能力。本书旨在突显学生的动手能力及积极大胆的创造性思维，强调设计的逻辑性和实用性，淡化传统的"美术功底"对室内设计的影响，更适用于广大的非艺术类学生和爱好者学习。

　　本书由孙卉林、宋秀英担任主编，刘莉、郝婷担任副主编。其中模块1由郝婷编写；模块2和模块4由孙卉林编写；模块3由刘莉和孙卉林编写；模块5由宋秀英编写；模块6由孙卉林和刘莉编写。图片由肖海燕和源木提供。

　　在本书出版之际，我们要感谢以上各位参与本书编写高职高专一线的室内设计专业教师，还有对我们工作大力支持的北京中鼎澳国际工程设计有限公司和武汉新博装饰公司黄冈分公司，为我们提供了大量的图片和提出宝贵的建议。特别要感谢的是中国水利水电出版社淡智慧主任的鼓励和支持，使本书能顺利出版。

　　室内设计是一门发展中的学科，需要在实践中不断完善。由于时间紧迫，限于编者水平有限，本教材难免有疏漏和不妥之处，恳请广大读者批评指正。

编者

2012 年 6 月

MULU 目　录

前言

模块 1　基础知识的认知

模块 2　总平面布局组织设计

模块 3　重点立面设计

模块 4　顶面造型设计

模块 5　绿化陈设设计

模块 6　居住空间设计整周实训

模块 1 | 基础知识的认知

● **学习目标**

了解不同参考资料中室内设计的定义，掌握室内设计的内容及其相关因素，理解室内设计的特征和不同原则，了解室内设计的分类和要素。

● **学习任务**

学习室内设计的基本定义、室内设计的内容、特征、原则、分类和要素。

● **任务分析**

室内设计的定义在不同参考资料中有所差别，其定义中所包含的相关因素和涉及的学科均有共性，掌握其定义对于掌握室内设计的基本内容、理解室内设计的特征和原则、了解室内设计的分类和要素具有一定的指导作用；室内设计的基本内容也为居室空间设计的研究提供了基础性的理论依据；同时，室内设计的特征及原则可以引导学生更好的理解室内设计的概念，全面的掌握居室空间室内设计的基础知识。

1.1.1 室内设计的定义

室内设计是对建筑内部空间进行的设计，是根据空间的使用功能、所处环境，运用技术与艺术相结合的手段，营造出功能合理、舒适美观的内部空间环境。不同的参考资料中，对"室内设计"定义的描述略有差异。

白俄罗斯建筑师 E. 巴诺玛列娃（E. Ponomaleva）认为，室内设计是"具有视觉限定的人工环境，以满足生理和精神上的要求，保障生活、生产活动的需求"，也是"功能、空间形体、工程技术和艺术的相互依存和紧密结合"。

建筑大师普拉特纳（W. Platner）认为在室内设计的过程中，"你必须更多地同人打交道，研究人们的心理因素，以及如何能使他们感到舒适、兴奋。经验证明，这比同结构、建筑体系打交道要费心得多，也要求有更加专门的训练"。

美国前室内设计师协会主席亚当（G. Adam）指出"室内设计涉及的工作比单纯的装饰广泛得多，他们关心的范围已扩展到生活的每一方面，例如住宅、办公、旅馆、餐厅的设计，提高劳动生产率，无障碍设计，编制防火规范和节能指标，提高医院、图书馆、学校和其他公共设施的使用率。总之一句话，给各种处在室内环境中的人以舒适和安全"。

"室内设计"的定义与"室内装饰"、"室内装潢"、"室内装修"的概念均有差异，相对于"室内设计"而言，后三者的概念都具有一定的侧重性，所包含的内容范围较小，"室内装饰"与"室内装潢"主要侧重于对室内环境的视觉要求，以及注重施工操作，室内各界面的效果，装饰材料的选择配置等；"室内装修"主要着重于施工工艺、工程、材料配置、装饰构造等方面的研究。而"室内设计"是对建筑内部空间环境进行再创造的行为方式，其涵盖了室内环境所需要的众多因素，具有较高的艺术审美要求和技术支持。室内设计与设计美学、建筑学、结构力学、人体工程学、环境心理学、环境物理学、材料学、园林园艺学、透视学、民俗学、社会学等相关学科关系密切，是一门综合性设计学科（见图 1-1-1）。

图 1-1-1 室内装修、室内装潢、室内装饰

综上所述，室内设计是指以建筑内部空间为设计对象，为满足一定的使用功能要求和人的感受而进行的建造工作，是以室内环境、照明处理、色彩关系、界面装饰、材料与施工工艺、家具陈设布置等为研究内容，综合考虑室内环境的各种因素及使用性质，运用技术与艺术相结合的手段进行空间组织，设计出安全、舒适、美观、合理的室内环境，结合建筑的原始结构进行内部装饰设计的艺术再创造（见图 1-1-2、图 1-1-3）。

图 1-1-2 照明良好、色彩和谐、舒适美观的环境　　图 1-1-3 运用不同材料装饰墙、地、顶界面的室内空间

1.1.2 室内设计的内容、特征

1.1.2.1 室内设计的基本内容

根据建筑物内部实体与虚体的关系，室内设计的内容包含实体与虚体设计（空间设计）两类。实体设计一般包含室内界面设计、结构形状设计、家具陈设的摆放、规格尺度、材料运用、色彩配置等。虚体设计指对实体所围合、划分而成的可供使用的空间的氛围营造和设计，虚体空间与实体形态相互作用，并通过人脑联想，感知空间的形状、尺度等（见图 1-1-4、图 1-1-5）。

根据室内设计的定义，可将室内设计的内容概括为室内客观环境设计和室内主观环境设计两类，其中室内客观环境设计包含空

图 1-1-4 圆形顶、墙面围合成圆柱体的"虚体"空间　　图 1-1-5 室内"实体"——家具、陈设、灯具等

间尺寸、空间形状、室内声环境、光环境、热环境、空气环境等因素；室内主观环境设计与人的感受有直接联系，主要有室内视觉环境、听觉环境、触觉环境、嗅觉环境等，即人们对环境的生理和心理的主观感受。

综合考虑，室内设计的具体内容可包含室内空间组织、布局，地面、墙面、顶面等各界面造型装饰，室内色彩配置，室内采光、照明设计，装饰材料的运用，施工工艺的步骤，家具、陈设布置等方面因素。由此而产生室内设计平面布置、地面铺设、天花吊顶、立面、大样、节点、剖面、效果图等室内设计基本图纸（见图1-1-6）。

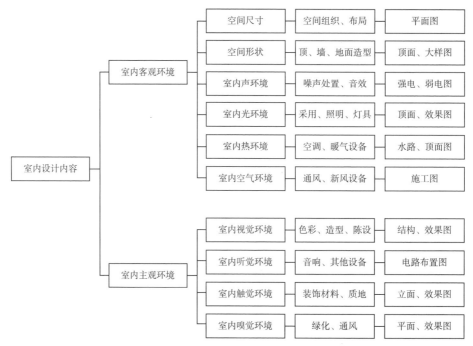

图1-1-6　室内设计内容分析图

1.1.2.2　室内设计的特征

"设计"可以改造环境，提高人类的生存质量，"室内设计"可以反映一个国家或地区的政治、经济、文化发展水平，也可以体现民族的历史文化传统，不同的地域特色，是促进人类生存、生活、发展的重要行为活动。

（1）室内设计具有时代性特征。

随着历史发展，室内设计的风格、流派均发生了时代性的变化，室内设计的样式与当时的历史背景有密切联系，通过政治、经济、文化、技术水平的不断提高，以及人们的思维意识、生活观念和主观要求的改变，室内设计从古到今发生了翻天覆地的变化。不同的历史阶段，所呈现出的室内设计作品，具有相对唯一性和独特性，历史赋予室内设计不同的意义，故时代性是室内设计最显著的特征。

室内设计的时代性可按照人类社会的发展过程和进步程度划分为四个阶段：①原始社会阶段，这一阶段属于石器时代，人类对自己的居住环境有了遮风挡雨这一最基本的要求；②封建社会阶段，这一时期属于农耕时代，手工业、生产工具有了相应的发展，建造技术和装饰手段也更加丰富，出现了一些具有代表性的建筑和室内装饰艺术；③近现代社会阶段，由于机器大生产，出现了全新的建筑形式，室内设计的风格、流派走向多元化；④当代工业信息社会阶段，即高科技信息时代，追求高新科技的设计理念，室内设计出现了高技派、后现代、解构主义、光亮派等派别。此外，室内设计的时代性还体现在更新速度和对时尚高度敏感性等方面，以及"以人为本"的人性化设计方面（见图1-1-7、图1-1-8）。

（2）室内设计具有地域性特征。

由于人们在不同地域拥有差异的生活习惯，不同民族也有着各自的风俗文化，导致建筑与室内设计受到地方特色的影响，具有较明显的地域差异性。地域性的形成受到自然条件、季节气候、历史习惯、生活方式、民俗礼仪、民族文

图 1-1-7　新中式风格的室内设计

图 1-1-8　光亮派作品

化、风土人情等因素的影响，使建筑与室内设计的发展呈现出具有典型代表性的本土特色和民俗样式。因此，地域性是室内设计又一显著特征。如同样是酒店包厢的设计，不同的企业文化定位，就会出现不同的设计风格（见图 1-1-9、图 1-1-10）。

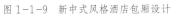

图 1-1-9　新中式风格酒店包厢设计

图 1-1-10　现代风格的酒店包厢设计

（3）室内设计具有时效性特征。

法国室内设计家考伦说："当今很难说室内设计有一个什么定则，因为在人们需求日益多样化、个性化的今天，再好的东西也会过时。新的风格不断出现并被人们所接受，这就使得今天的室内设计作品多姿多彩，千变万化。"室内设计在不同的时间段会出现不同的风格，如古典、欧式、现代、混搭、简约、新中式、新古典主义等样式，一种风格的流行，往往伴随着另一种风格的淘汰或过季，如同服装一样，不同的年份、季节，都会有其相应的流行趋势。随着装饰材料的发明、改造，高新科技的运用，室内设计的思维理念也会随之变化，以居室空间设计为例，家居装饰新潮流每时每刻都在更新，信息技术的不断发展，为中国设计提供了交流的平台，材料的推陈出新为室内设计提供了更多的创新支持，可见，时效性也是室内设计的重要特征之一（见图 1-1-11、图 1-1-12）。

（4）室内设计具有局限性特征。

室内设计肩负的工作，是在建筑设计完成原形空间基础上，进行的第二次设计。目的是通过升华设计，获得更高质量的个性空间，形成真正使用者需求的理想实质空间，是将冰冷的钢筋混凝土变成更富于人情味和艺术化的空间境界。室内设计所面对的主体对象多是具有强烈性格的个人，设计过程具有较强的针对性，设计作品需要具有相对唯一性、严谨性

图 1-1-11 柱体不单一色彩，局部壁纸，顶面造型变化　　　　图 1-1-12 地面拼花、拱形顶面，中西混搭风格

和狭窄性。室内设计必须借助于已有的建筑结构，在有限的空间进行创作，并没有绝对的自由度，在创造过程中还允许使用者的参与和选择，增加了创作难度和心理压力。因此，室内设计受到建筑及人为因素的制约，具有一定的局限性（见图 1-1-13、图 1-1-14）。

图 1-1-13 卫生间只能在原本建筑墙体的基础上进行设计　　　　图 1-1-14 原建筑空间大小决定了健身器械的位置和数量

1.1.3 室内设计的原则

　　室内设计的目的是为了给人提供舒适化、合理化、科学化的生活和工作环境，故室内设计需要满足一定的功能性要求，并且充分考虑人的心理感受、视觉反映及室内环境的艺术效果等因素。

1.1.3.1 室内设计的功能性原则

　　从功能性的角度而言，室内设计主要是为了满足人们生产、生活、工作、休息等正常的使用，对建筑的立面、室内空间等进行装饰的要求。因此，室内设计应当以人的使用需求为前提，充分考虑人的活动规律、空间关系、比例尺寸、通风换气、采光照明、色彩配置、家具摆放、陈设效果等因素，同时，室内设计还应考虑。功能性原则是室内设计的首要原则（见图 1-1-15、图 1-1-16）。

图 1-1-15　酒店豪华套间为商务人士提供功能性较强的办公区　　　　图 1-1-16　卧室选用遮光性较强的窗帘

1.1.3.2　室内设计的精神性原则

随着经济高速发展，人类社会走向富足，人们在文化和物质生活得到迅速满足的同时，也开始讲究和注重自身生活环境的提升，除具有完善使用功能外，还应该具有更多精神享受的内容和更丰富的内涵。人的一生有 2/3 的时间在室内度过，我国建筑、室内设计大师梁思成说过："建筑是凝固的音乐，音乐是流动的建筑。"建筑物不仅让人享受舒适，更像音乐般给人美好的感受。室内环境对人的身心健康具有较大的影响，在不同的环境下，人们所呈现出的行为、状态会受到色彩、光线、图案、形状、高度、陈设等因素的影响，设计者需运用人与环境的相互作用进行更深层次的考虑，从人的意志与情感出发，运用更富于艺术感染力的构思，满足人们对于室内环境的精神功能要求（见图 1-1-17、图 1-1-18）。

图 1-1-17　纵深感较强的别墅空间，使人身心愉悦　　　　图 1-1-18　弧线条、造型吊顶和拱形书柜

1.1.3.3　室内设计的技术性原则

建筑空间的结构造型与室内设计有着密切的联系，通过先进的科学技术，可以为室内环境的艺术效果提供有效的技术支持，弥补建筑本身结构方面的缺陷，同时，相当一部分赋予创意的艺术构思与设计理念都需要一定的技术手段支持才能够实现。由于现代科技的迅猛发展，高新、尖端的科学技术水平被合理地、科学地运用到各类室内环境当中，使室内环境达到最佳声、光、色、形的匹配效果，实现高速度、高效率、高功能的室内空间，有效地提升室内设计的创新性水平，使先进的技术手段与艺术更加完美地结合，形成更加多元化的设计作品（见图 1-1-19、图 1-1-20）。

图1-1-19 触感开关，以感应方式开关灯　　　　　　　图1-1-20 智能化设计

1.1.3.4 室内设计的安全性原则

由于建筑本身具有承担重力作用的主体结构，无论是墙面、地面或顶面，都需要具备一定强度的梁、柱结构做支撑，特别是各部分之间的连接的节点，更需要安全可靠的保障。故设计者不能因为设计的需要，随意在室内进行主体结构方面的拆装、改造，设计的前提是符合房屋建筑和室内环境装饰的规范标准要求（见图1-1-21、图1-1-22）。

图1-1-21 室内消防设备和安全通道——安全性原则　　　图1-1-22 安装于窗框的红外感应器防盗

1.1.3.5 室内设计的经济性原则

经济性原则是室内设计工作必备的原则之一，设计人员需要根据建筑的实际性质和室内空间的用途，确定设计的标准，避免单纯追求艺术效果，造成资金浪费，同时，也不能片面降低标准而影响效果。最好能够通过巧妙地构造设计达到良好的实用与艺术效果。

1.1.3.6 室内设计的可行性原则

可行性原则是建立在安全性和功能性原则的基础上的，室内设计的最终效果，不是图纸和方案的完成，而是将设计通过施工变为现实。不可行的设计方案，无法以人的使用要求为目的，更不用说为人提供安全、舒适、美观的环境了（见图1-1-23、图1-1-24）。

1.1.3.7 室内设计的差异性原则

人们所处的地区环境、地理位置、气候条件、生活习惯、文化传统的差异，使各民族、各地区建筑与装饰风格存在较大差别，形成了室内设计的多元化风格样式。

图 1-1-23　悬挂于顶面的吊顶，需要重点考虑安全性　　　　图 1-1-24　复杂的嵌套式吊顶施工完成后效果

1.1.4　室内设计的分类、要素

1.1.4.1　室内设计的分类

根据室内设计性质不同，可以将室内设计分为居住空间设计、公共空间设计两类。

（1）居住空间设计。

居室是人们赖以生存最基本也是最重要的生活场所，主要以家庭结构、生活方式和习惯以及地方特点为主要依据，通过多样化的设计满足不同生活要求。居室空间主要是指住宅、公寓、集体宿舍等居住环境。包括多层单元式居室、组合单元、高层住宅、别墅式居室、综合性人居环境等。居室是一种以家庭为对象的人居为生活环境，主要是为人们提供居住、休息、生活的场所，人们一生有约 1/3 的时间会在居室中度过，甚至有些自由职业者，将居住空间和办公空间合并，长时间处于居室环境，因此，居室设计需要考虑人的生活因素较多。

居室空间室内设计主要包括门厅、起居室、餐厅、书房、卧室、厨房、卫生间、储物空间等，有些别墅空间还包含车库、视听室、工作室等功能区域（见图 1-1-25、图 1-1-26）。

图 1-1-25　居室空间设计起居室沙发背景　　　　图 1-1-26　居室空间设计卧室设计

（2）公共空间设计。

公共空间可分为办公空间设计、娱乐空间、展示空间、公用空间等，公共空间设计主要根据场所的使用功能而定，不同的空间性质，设计的要求差别较大。

1）办公空间设计。

办公空间为人们办公需求提供工作场所，使工作达到最高效率，塑造和宣传企业形象。办公空间的工作范围包括写字、读书、交谈和思考以及对计算机及其他办公设备的操作。由于创立品牌、开拓市场的需求，现代企业更加重视办公场所的设计，优秀的办公空间设计可以成为增加产业价值的一种市场手段。其中包含学校、幼儿园、工作室、功能性较强的厂房、车间、其他公共空间的办公区域等。

办公空间室内设计主要包括门厅、前台、过道、洽谈室、休息室、员工休闲区域、卫生间、餐厅等，学校还要包含教室、图书室、活动室等，写字楼中的办公空间包含员工办公室、经理室、总经理室、会议室等功能区域（见图 1-1-27）。

图 1-1-27　办公空间设计：左侧为总经理办公室，右侧为大型会议室

2）娱乐空间设计。

娱乐空间设计包含餐饮、酒店、影剧院、KTV、会所、浴场、酒吧、游戏厅、商场、超市等环境的设计。

餐厅的形式不仅体现餐厅的规模、格调，而且还代表餐厅经营特色和服务特色。餐厅大致可分为中式餐厅和西式餐厅两大类，根据餐厅服务内容，又可细分为宴会厅、快餐厅、零餐餐厅、自助餐厅等。中式餐厅是提供中式菜式、饮料和服务的餐厅。由于各地的物产、气候、风俗习惯及历史情况不同，长期以来逐渐形成了许多菜系、流派和地方风味特色。餐厅的功能区域包括：就餐区、包房雅间、吧台区、厨房区、过道区、公共卫生间、员工卫生间、员工更衣室等（见图 1-1-28、图 1-1-29）。

图 1-1-28　餐厅包房雅间设计　　　　　　　　　图 1-1-29　日式餐厅就餐区设计

酒店空间除具有餐饮场所外，还包含客房空间等，酒店的客房是酒店设计的重点，客房为客户提供休息、工作的场所，客房一般分为单人间、标准双人间、三人间、豪华套房、总统套房等。酒店的功能区域包括：餐厅、门厅、前台、客房、

过道、娱乐室等（见图 1-1-30）。

影剧院、KTV、会所、酒吧、游戏厅均属于喧哗场所，设计时需要重点考虑空间的视听效果、娱乐性、专业设备和隔声要求。

商场、超市属于消费场所，设计需考虑场所的使用功能、产品、销售对象等因素（见图 1-1-31、图 1-1-32）。

图 1-1-30 某酒店客房设计

图 1-1-31 商场卖场设计

图 1-1-32 某超市设计

3）展示空间设计。

展示行为狭义包括具体展示内容、空间、传达流程的组织等因素，展示空间是以展示者与参观者的存在为前提的。展示空间是能满足人获得信息需求的空间，属于公共空间的一种，特点是开放性和流动性，主要为了信息的传播与交流。展览馆、博物馆都属于展示空间。

展示空间的功能区域分为门厅、前台、各类展厅、休息室、卫生间等（见图 1-1-33）。

图 1-1-33 北京 798 艺术工厂某画室展厅

4）公用空间设计。

公用空间包含火车站、飞机场航站楼、港口码头、地铁站、火车内部、飞机内部、船舱内部、油轮内部、地铁内部、公共卫生间、图书馆、体育馆等，根据设计对象的不同，以满足使用功能为目的进行设计（见图 1-1-34）。

图 1-1-34　从左到右为：香港迪士尼公共卫生间设计、北京飞机场设计、国际航班机舱内设计、地铁通道设计

1.1.4.2　室内设计的要素

室内空间由地面、墙面、顶面的围合限定而成，三大界面确定了室内空间的大小和形状。室内设计要素包含空间要素、色彩要素、光环境要素、界面要素、陈设要素、绿化要素等。

（1）空间要素。

空间因素是室内环境的最重要的因素，通过空间的设计，可以满足人们对于舒适性、实用性、审美性的要求。空间可根据不同的因素分为虚拟空间与实体空间、动态空间和静态空间、开敞式空间和闭合空间等。不同的功能空间需要不同的效果，如通透、私密、动感、流线、安静、稳定、和谐、对比、层次、均衡、独特、衔接、呼应、延续等，都可能出现在不同性质的室内环境中，空间要素是其他要素的基础和前提，为色彩要素、光环境要素、界面要素、陈设要素、绿化要素提供设计的场所（见图 1-1-35）。

图 1-1-35　空间要素——左侧为静态空间设计，右侧为动态空间设计

（2）色彩要素。

色彩通过其自身特点，对人的视觉产生作用，影响人们心理和生理状态。色彩对整个室内环境产生复杂的影响，色彩具有调节作用、暗示作用，能够让人们认识到色彩的温暖、宁静、激动、兴奋、刺激等情绪，从心理上传达了色彩的信息，为室内环境增添更多未知效应，同时，色彩的搭配会带给空间音乐般的节奏感和富于变化的层次感。室内色彩在第一印象传递空间的主题，调节整个环境的氛围，丰富的色彩，具有多变的引导和暗示效应，并提供给空间富于变化的节奏。室内色彩的调节作用是通过科学、有效的运用色彩的性质、机能，使其最大限度的发挥空间的特性，服务于人们，创造符合人

类舒适程度的空间环境。室内各要素（墙面、顶面、地面、陈设、绿化等）都可以利用不同色彩相互搭配，形成不同风格的室内环境。不同色彩代表的不同表情，可以丰富空间的氛围。每种色彩的不同效果，成为了整个环境中相互协调的源头。有效地利用色彩，能够创造出更加合理的室内空间环境，增加视觉的舒适度，增强空间的物化感，使人们从疲劳中释放心情（见图1-1-36）。

图1-1-36　色彩要素——左侧北京"青年旅社"休息空间，右侧北京地铁通道

（3）光环境要素。

室内光环境是室内空间设计的重要组成部分。室内设计的一切事物的装饰与审美，都是由于光照的缘故，才呈现给人们完整的空间效果。光照给室内环境提供了实用和审美的双重效应，为室内设计传达了色彩、造型、布置等基础性信息，良好的光环境，是人们通过室内空间享受生活的前提条件，也是人们充分发挥想象的平台。在室内环境中，获得充足的日照能保证人们尤其是老人、病人及婴儿身心健康，能保证室内空气卫生洁净，改善室内小气候，提高居住舒适度（见图1-1-37）。

图1-1-37　左侧为自然采光，右侧为人工照明

室内光环境分为自然采光和人工照明两类，自然采光来自于太阳光。根据季节的不同、早晚的差异，室内自然光会呈现出不同的状态。自然采光是人眼感受中最舒适的光，利用自然采光，我们不仅可以节能和降低成本，而且还可以使人的视觉处于最佳的状态。室内环境中需要足够的光照，由于自然光受到天气、开设方向、空间形式、开窗形状等因素的制约，单纯依靠自然采光是不能满足的。要想满足人们对于高效、舒适的生活以及工作环境的要求，使整个室内环境的氛围都呈现多元和变化的趋势，就必须将现代的照明技术融入到室内光环境设计中，利用现代技术更加多样的灯具的设计成果，达到更好的调节室内光环境的目的。光既可以是无形的，也可以是有形的。灯饰在空间中的作用大于其他饰物。灯具的造型和颜色，是整个家居装饰的组成部分，灯光效果的合理配置，更能为家居增光添彩。灯具的造型追求艺术性与科学性的有

机结合。灯具的造型除了功能合理外，还应有美化环境、装饰建筑、创造气氛的作用。

（4）界面要素。

室内界面，即围合成室内空间的底面（楼面、地面）、侧面（墙面、隔断）和顶面（平顶、吊顶）。室内界面的设计，既有功能技术要求，也有造型和美观要求。作为材料实体的界面，有界而的线形和色彩设计，界面的材质选用和构造问题。室内环境的界面设计需要与色彩要素、光环境要素相结合，同时，界面要素与装饰材料关系密切，与房屋设备周密协调，例如界面与风管尺寸及出、回风口的位置，界面与嵌入灯具或灯槽的设置，以及界面与消防喷淋、报警、通信、音响、监控等设施的接口也极需重视（见图1-1-38）。

图1-1-38 从左到右为：国外某餐厅过道顶面装饰、楼梯间玻璃窗装饰、某商场地面设计、欧式风格的墙面

（5）陈设要素。

室内陈设是指对室内空间中的各种物品的陈列与摆设。陈设品的范围广泛，内容丰富，形式多样。陈设包含家具、地毯、窗帘布艺、壁纸、绿化、灯具、书画、装饰品等因素。陈设对室内空间形象的塑造、气氛的表达、环境的渲染起着锦上添花、画龙点睛的作用，是完整的室内空间必不可少的内容，陈设品的展示，必须和室内其他物件相互协调、配合存在。可见室内陈设艺术在现代室内空间设计中占据重要的位置。陈设可以起到烘托室内气氛、创造环境意境、丰富空间层次、分隔空间、强化室内环境风格的作用。在室内设计中利用家具、地毯、绿化、水体等陈设创造出的空间不仅使空间的使用功能更趋合理，更能为人所用，使室内空间更富层次感（见图1-1-39）。

图1-1-39 从左到右为：中式家具、字画、绿化陈设，装饰壁灯陈设，具有民族特色的装饰物、窗帘布艺等陈设

（6）绿化要素。

室内绿化可以增加室内的自然气氛，是室内装饰美化的重要手段。室内绿化具有净化空气、调节气候、组织空间、引导空间、柔化空间、增添生气、美化环境、陶冶情操、抒发情怀、创造氛围的作用。随着空间位置的不同，绿化的作用和地位也随之变化，应根据不同部位，选好相应的植物品色。室内绿化充分利用空间，尽量少占室内使用面积，某些攀缘植物宜于垂悬以充分展现其风姿。因此，室内绿化的布置，应从平面和垂直两方面进行考虑，使形成立体的绿色环境。

● 学习目标

了解室内设计的发展趋势；理解室内设计的发展现状；掌握室内设计行业的发展情况；熟练掌握室内设计从业人员所具备的基本素质及行业对室内设计师的要求。

● 学习任务

学习室内设计的发展现状、今后的发展趋势、从业人员具备的基本素质以及对室内设计师的要求。

● 任务分析

不同的历史发展阶段对于室内设计的要求也不相同，室内设计的行业要求差异较大，室内设计师需要了解室内设计当代的发展现状，掌握室内设计的就业趋势。作为室内设计师需要做好前期准备工作，充分的了解行业对人才的规范要求，才能更好地适应社会，尽早成为一名合格的室内设计人员。

1.2.1 室内设计行业的发展

中国的现代室内设计已适应公共建筑和住宅建筑大规模兴建的需要，迅速成长、飞跃发展，度过了模仿东、西方传统室内设计和西方现代室内设计的时期，逐步走上了创新之路。

1.2.1.1 行业的发展现状

目前，全球建筑装饰行业正在飞速发展，中国的建筑装饰业正面临着世界同行业的竞争和挑战。随着国家对装饰行业的规范化和不断完善，带动了室内设计的不断变革，室内设计的发展趋势也更加多元化。室内设计行业发展迅速，室内设计师已经成为一个备受关注的职业，被媒体誉为"金色灰领职业"之一。

（1）起步较晚，行业人才需求量大。

由于我国室内设计专业人才的培养起步较晚，面对高速发展的行业，人才供应出现较大缺口，2004年，全国室内设计存在40万人才的缺口。据调查显示，目前从事室内设计师职业的人员主要从艺术设计、平面设计等职业转行而来，多数设计师并没有经过室内设计系统专业的教育和培训，从而导致设计水平参差不齐、装饰质量难以保障等多方面问题，设计的投诉呈上升趋势；同时，由于市场繁荣、人才需求自然旺盛，一些装饰公司甚至不愁没单，只愁没人，越来越多的人也看好室内装饰，设计师良好的职业前景，纷纷加入到室内设计师的行列。而设计师数量匮乏，现有从业的优秀设计师在各个项目中疲于奔命，导致设计效果难以保证、设计水平难以提高。因此，国内相关专业的大学输送的人才毕业生无论从数量上还是质量上都远远满足不了市场的需要。装饰设计行业已成为最具潜力的朝阳产业之一，未来20～50年都处于一个高速上升的阶段，具有可持续发展的潜力。

（2）整体设计水平的不平衡，市场上原创作品较少，创新思维匮乏。

从门类繁多的设计发布、设计竞赛设计作品中不难看出，绝大多数作品无论在设计创意、对于空间的理解和整体把握、文化内涵、美学等综合修养方面显露了设计的原创性和文化内涵的匮乏以及表象浮躁的状态,"非原创性"设计在设计领域及应用项目中占有比例较高,城市设施、建筑及室内环境空间中,缺乏创新设计,经不得推敲的拼凑形式和抄袭之风盛行,影响和冲击着"设计"这一文化现象的崇高地位,制约着我国社会与文化乃至经济的发展进步,严重阻碍了室内设计业的健康发展。从行业 20 多年历史看,真正立足一个角度的作品不是很多。设计的深度、成熟度较弱,广度不足。当然也曾出现发人深省的作品。为此,大力加强人才培养,推广原创设计,已成为设计界人士的共识。

(3)房地产等相关产业的发展,带动室内设计行业的突飞猛进。

近年来,楼市的不断加温,加剧了室内设计的发展,买房、装修已经成为市民关心的热点、焦点。国内房地产业和建筑装饰业的起步和高速发展带来了难得的机遇。城市化建设的加快,住宅业的兴旺,国内外市场的进一步开放,在国内经济高速发展的大环境下,各地基础建设和房地产业生机勃勃。据统计,住宅装饰、装修已成为我国新的三大消费点之一,全国室内装饰工程量每年以 30% 以上的速度递增,设计是装饰行业的灵魂,室内装饰的风格、品位决定于设计。随着房地产经济的持续走旺和装饰行业的快速发展,室内设计人才需求量大,室内设计师就业前景看好。

(4)设计事务所的经营模式增多,行业针对性加强。

大工业化生产给社会留下了千篇一律的同一化问题。设计事务所的出现,打破同一化,将"设计与装饰分离"的经营模式合理地融入室内设计行业中使设计和施工都做得更专业。事务所的经营方式,配备设计师进行"一对一"服务,为客户量身定制追求个性的时尚人士家居装潢个案,更加体现针对性设计的重要性,提倡设计多元化,强调精神内涵和个性化的理念,为客户提供更加贴心细致的服务,避免由于企业的庞大而忽视了客户的主观需求,使设计落入平庸与大众化。而快捷便利的事务所服务还使设计、预算及施工周期缩短(见图 1-2-1、图 1-2-2)。

图 1-2-1 某设计事务所的设计作品,形式多元化的居室

图 1-2-2 赋予创意的墙面护墙处理和个性垭口

(5)优化公司品质,高端设计更加精细化。

随着人们居住条件的改善,追求个性化、高档化的家装风格成为一部分装修户的新需求。要求设计行业的在工厂化、专业化成熟运作的基础上进行的第二次变革,达到质量更精确、服务更细致、技术更精湛的目标,实现了新的跨越。除了研发菜单式、拼装化的简洁装修套餐外,还迎合市场的高端消费人群的需求,服务项目更加精细化,依托高素质、高标准、高质量的"三高"优势,采用"贵族式"的星级服务,满足了高端装修户的特殊需求(图 1-2-3、图 1-2-4)。

图 1-2-3　顶面造型赋予创意，设计精细，呈现"贵族"感　　图 1-2-4　地面拼合变化，顶面层级丰富，更显精细

（6）提倡专业性，重视培养设计人员的综合素质。

室内设计将会向着专业、规范的路线进行，优秀的设计师，不再是坐在计算机面前的 CAD 制图员，也不是依靠已有图块，到处参考的仿抄他人，而是必须对室内设计行业、装修市场、装饰材料、空间风格、家具陈设、环保要求等进行多方位的调研和了解，对社会各阶层的经济承受力，审美情趣等有很强的洞察力和意识性。此外，优秀的室内设计师还需要懂得人类生活习惯的基本需要和享受需要，现代化的发展让人类的生活更加丰富多彩，工作和生活的空间越来越多地讲究舒适和美观，个性化、私密性、细节化都要直观的体现在设计中，没有工作和生活经验的人很难作出如此考虑，这方面因素的欠缺是初学室内设计人员的致命缺陷（见图 1-2-5、图 1-2-6）。

图 1-2-5　体现室内设计专业水平，界面处理新颖得当，陈设搭配合理，地面效果较好，注重个性化、细节化

图 1-2-6　整个空间层次鲜明，界面材质丰富，节奏与线条流畅

（7）倡导"校企合作"的培养方案。

学校和各种专业的培训机构，是各家装饰设计公司选拔人才的基地。"校企联合"是指企业与学校联合办学，优势互补。学校为社会和企业培养室内设计师的人才，而企业解决学生毕业后的就业问题；学校可以依照企业的用人需求为企业培养实用型人才，企业分派人员去学校进行讲座，为学校未毕业的学生提供实习、实训基地，短时间内提高学员专业水平和实操能力，达到互利双赢的目的。

（8）企业规模化，服务产业化，行业综合性提高，涉足领域更加广泛，与国际接轨。

室内设计不但在建筑产业范围内与建筑，规划设计形成鼎足之势，还将进入航天、探密、航海、交通运载和覆土建筑的科技前沿独领风骚，逐渐居于人类生存空间设计的领先地位。此外，企业重视选派优秀设计师赴国外考察，扩大设计视野，使设计作品的档次与国际流行趋势接轨。同时，室内装饰行业逐步朝产业化、规模化方向发展。在工厂化、产业化的运营基础上，以创新意识突破传统经营思路，通过模块化组合设计、一站式选材与节能设备选用，达到家装优化资源配置之目的，彻底改变了手工作业的方式，实现了装潢工厂化、产品化、集约化，有效地节约了装潢成本。

（9）规范化行业标准，倡导室内设计收费标准，提高图纸制作的规范性。

室内设计行业逐步趋于规范化，公开、公平、公正地按装修实用面积收取设计费。为了使设计收费合情合理，权利、义务对等，由市工商行政部门共同参与制定《室内设计委托合同示范文本》，编写了关于适用范围、设计图内容、特殊设计及安全要求等设计明细等规定，将"设计"变为有偿劳动，不仅加强了设计师服务的规范程度，而且提升了设计师的地位，有效杜绝了设计乱收费现象。此外，室内设计公司拥有《建筑室内设计制图统一标准》《家居住宅室内设计文件编制深度规定》及高于行业标准的《制图标准》，对家居制图标准的设计说明、图例、线型比例、施工节点等进行明确规定，确保家居设计图纸的服务规范，为家装工程施工提供了有效的依据，从而填补了行业的制图规范领域的空白，各公司内部对图纸管理严格，设计师的每套图纸均要经过设计、校对、审核三级责任人盖章方为有效。

1.2.1.2 室内设计的发展趋势

在人类从事的建筑活动中，建筑设计和室内设计目标一致——为创建人类赖以生存的建筑空间而工作。而从设计肩负的任务、内容、设计主体对象多方面比较，两者有着本质区别，决定了室内设计在未来建筑活动中，肩负着更重要的社会职责。现代社会的发展使室内设计越来越复杂化，人们对于生活居住空间环境的要求也不断提高，室内设计需要综合处理人与环境、人际交往等多项关系，需要在为人服务的前提下，综合解决使用功能、经济效益、舒适美观、环境氛围等多种要求。设计从生理上、心理上满足人们的不同需要，才会有个性，才会不断地创新并向多元化发展。因此，随着社会经济的迅猛发展，室内设计逐渐向更加人性化、自然化、智能化、生态化、节能化、多元化等方向发展。

（1）人性化。

随着人们物质生活和文化水平的提高，科学技术的迅速发展，人们的思想观念发生了根本性转变——价值观以"物为本源"转变成以"人为本源"，即重视人的需求、"以人为本"的观念，主张设计师应该始终把人对室内环境的要求放在设计的首位，一切为人的生活服务，创造美好的室内环境。提倡室内环境设计不仅是一种艺术的再现，而且更是一种生活方式的体现。因此，室内设计更加趋向于"人性化"的发展，室内环境的设计需要围绕着人的衣、食、住、行，以及一切生产、生活、工作、休息活动，人的生理和心理，人的视觉、听觉、触觉、嗅觉感受进行考虑，符合人的使用要求，使人身心愉悦、舒适。随着住房的面积的大型化，原有小空间住将逐步得到改造和重新装修。室内设计师在设计的过程当中要强调"人"这个主体，以让消费者满意、方便为目的。同时，社会开始关注无障碍设计，关心残疾人、老人和孩子的生活需要；注重休闲场所的设计，满足人们休闲生活的需求。从而认识到室内设计人性化的重要性，室内是人类生存活动的主要空间，充分考虑人的生理、心理需要，最大程度关心人，是室内设计的本源（见图 1-2-7、图 1-2-8）。

图 1-2-7 　酒店客房准备的办公区域，考虑周到　　　　　图 1-2-8 　顶面和地面呼应的拼合处理，有一定的引导性

（2）智能化。

目前，智能化建筑和公寓已经出现于发达国家和地区，智能化设备具有能源控制、通信管理及安全检测等功能，提倡高技术、高情感化相结合的设计理念，室内设计师需既重视科技，又强调人情味。随着电子科技的突飞猛进、计算机和网络技术的广泛应用、新型建筑材料、室内装饰材料的快速发展，未来的空间格局将更加自由的进行划分。智能化的模式将给人类社会的生产和生活方式带来革命性的变化，彻底改变了人们的时间与空间概念。在现代的室内环境中，照明技术、空调技术、机械技术，以及家具生产技术、装饰材料技术的日益更新，透视出未来建筑环境设计的变化和发展方向。

（3）生态化。

由于工业文明的快速发展，人们对自然资源的过度利用，对能源无限量的消耗，造成了全球气候变化的严重后果。面对生态危机，保护自然环境迫在眉睫，室内设计也不例外。随着人们环境保护意识的增长，应当对装饰材料和工艺做法等因素进行重新的认识和探索，实现室内环境的良性循环，创造出宜人的、节能环保的、绿色的室内环境，真正满足人们对于"绿色建筑"生态观的追求，还原美观舒适、采光通风良好、避免环境污染、噪音隔声，保温隔热合理，道路交通完善，绿化美观的生存环境（见图 1-2-9）。

（4）节能化。

节能低碳是现代设计全新的环保理念，是当今全球化发展的新品质，从可持续发展的要求出发，人们更加注重考虑节约能源、保护环境，室内设计应当使用环保的装饰装修材料，人工环境与自然环境相结合，使用节能的新型产品，如将LED 灯具运用到室内设计的照明设备中，大大减少了能源的消耗，降低了使用成本（见图 1-2-10）。

图 1-2-9 　生态化——以竹为主要隔断家具　　　　　　图 1-2-10 　节能化——左墙利用 LED 灯制作的灯箱

（5）多元化。

多元化也可以诠释为多功能性、多因素化和复杂化，由于室内空间要求不断地创新，设计融入了新材料、新工艺、新

技术、新思维，人们追求的风格样式也更加多样化，不仅要从形式上加以变化，还要求造型、色彩、界面、陈设的多样性，高新科技与传统相互结合，中西方相互衔接，混搭的元素越来越丰富，造就了室内设计的多元化发展趋势（见图1-2-11、图1-2-12）。

图1-2-11　赋予个性的书房，中式的木材结合了多层级欧式样式　　图1-2-12　多元化起居室

1.2.2　室内设计行业对人才的要求

室内设计是一种综合性较强的学科门类，要求从业人员应当具有相对全面的综合素质，在具备专业知识和专业技能的基础上，还要具有良好的沟通能力，超于常人的创造力。此外，作为一名室内设计师，需要了解行业的众多规范要求，掌握自己的岗位职责，并对于行业最新的发展动态有着异于常人的洞察力。

1.2.2.1　室内设计师必备修养

（1）专业知识与专业技能的要求。

室内设计师需要掌握相关专业知识和专业技能，并且了解与室内设计学科有着密切联系的学科领域，以便全面地为室内设计行业提供更加多元化的服务。

1）熟知材料、工艺。

要求设计师必须了解装饰材料，包括材料的物理、化学性能、用途、市场价位、出产地、与同类材料的区别等因素，作为与客户交流报价时，剖析单价构成的依据，当客户有所质疑时，需向客户解释工艺材料及材料价格构成，制作材料分析表，写明可视材料和不可视材料的具体情况，人工工资费用、材料价位合计，才能具有一定的说服力。同时，需要设计师经常性的在材料市场做实地考察，特别关注新型材料的推陈出新，及时运用到自己的设计中。此外，还要熟悉各类土建材料和建筑装修材料的机能、特点、尺寸规格、装饰效果和价钱等方面，正确地选用材料和适当地搭配材料，并且熟悉装修施工工艺，以确保装饰装修的质量，尤其需要了解装修装饰施工的基本做法，否则很容易造成设计无法实现的后果。

2）手绘能力。

手绘是设计师必备的能力之一，手绘效果图代表设计师的绘画水准和审美观。各大院校及培训机构也将手绘作为一门独立的专业基础课程，教学名称为"表现技法"。虽然运用计算机可以更加清晰和真实的再现设计空间，但纸笔作画仍是最简单、直接、快速、有效的方法。事实上虽然用计算机、模型可以将构思表达得更全面，但最重要的想象、推敲过程绝大部分都是通过简易的纸和笔来进行的。手绘具有一定的技巧性，且形式自由，随意性较大，可以在表现之余，给予观者更多丰富的想象空间，是电脑技术无法比拟的优势。艺术的生动性就在于相同的设计在不同人的笔下呈现出的主观能动性，简单几笔的勾勒就可以表达设计的精髓，效果简练而不单调，沉稳而不呆板，流畅而有序，是最富感染力的手法之一，因此，手绘已经成为设计师表达思维的最直观方式，手绘效果图也可以作为与客户沟通最有效的方法之一。

3）熟知报价。

为客户做出详细的工程报价是室内设计师必备的基础条件，根据客户设计方案的材料要求、施工工艺等，为客户进行合理的、科学的价格分析，是每位设计师应该完成的重要工作。只有熟悉材料的价格、了解施工工艺流程，才能够有效地将设计变为现实，报价是工程实施的关键因素，与客户关系密切，一份好的报价，能够使签约变得顺利，合理的报价，也会为客户提供装修的依据。因此，室内设计师需要熟知报价的具体内容和各项指标，认真对待每个经手项目的报价情况。

4）熟悉相关软件。

设计师需要懂制图（土建制图、机械制图），能熟练运用软件绘制符合国家规范的设计图纸和施工图。室内设计师常用软件有：AutoCAD，用来绘制工程图纸；3D MAX，用于室内建立模型、材质、灯光展示；VRAY，是一个渲染插件，用来处理模型的材质，渲染效果图；Photoshop 是图像处理软件，用于把渲出来的效果图的后期处理，通过 Photoshop 使其更加具有真实感（见图 1-2-13）。

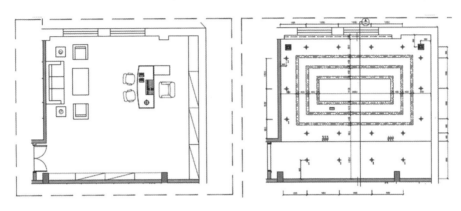

图 1-2-13　用 AutoCAD 软件制作的平面布置图和天花放样图局部

5）熟悉图纸规范。

能看懂各类土建施工图纸，对给排水（上下水）工程图、采暖工程图、通风工程图、电气照明与消防工程图等也要能够熟练识别，避免装修设计与其他各相关工程发生冲突，更周密、有效地进行设计；懂得建筑的根基机关类型，对常用的结构体例等也要熟悉；具备室内和家具方面的常识与涵养。

6）熟知相关学科知识。

由于室内设计的专业知识涵盖面较广，除了色彩设计、照明设计、透视学、构成艺术、施工工艺流程、装饰材料的性能及运用、施工预算及报价等诸多方面外，还与人体工程学、环境心理学、社会学、建筑结构力学、物理动力学、化学生物学、电工学、消防科学等学科有密切联系，如透视学，用来快速、准确的表现室内效果；摄影、摄像艺术，量房需要拍摄很多现场，工程的进度情况等，完工需要拍摄自己的作品；园林园艺学，用于室内和周围环境的绿化，绿色植物、盆景与插花，需懂得绿化树种、花卉的特征与功能；人体工程学，室内与人有关的所有尺寸；环境心理学，环境与人的关系，环境因素给人带来的不同感受和心理暗示；社会学，人与人之间的关系、人群与阶级的关系，有助于了解人与环境的关系；物理动力学对于丰富的造型而言，很有可能会遇到动力学知识，保证设计和居住安全；此外，最好了解工业设计心理学、工程心理学、化学生物学、风水方面的知识。

（2）沟通交流能力。

在室内设计的具体工作中，善于协调、沟通能够保证设计的效率和效果。设计师的想法，不经过一定的沟通与讲解，是很难被客户接受的。通过与客户的洽谈，现场勘察，尽可能多地了解客户从事的职业、喜好、业主要求的使用功能和追求的风格等，才能更加高效地进行设计工作。应当注意的是：①不要强调设计师的风格，尽量以客户喜好为主，投其所好；②将预算、报价细致化；③多考虑细节问题，并有效的解决；④真诚地对待每一个客户的要求，运用合理的方式进行评估与分析；⑤对施工的工地负责，与工人在现场进行沟通，遇到问题及时解决，监督工人按照设计进行施工；⑥与客户沟通时，了解客户心理，搞清楚自己的设计定位和本设计的优势，尽量满足客户提出的要求，用简单的朴素的语言跟客户沟通，避免过度使用专业术语。

（3）个人素质的提高。

1）注重培养团队合作精神。

室内设计师在不同的设计对象中扮演不同的角色，居室设计一般都是单独设计、制图、与客户沟通、现场指导等，但如果是公共空间设计，一般设计工作无能独立完成，通常是几个人共同经手一个项目，为同一个方案服务的，因此，团队合作精神，是室内设计师必不可少的素质之一。

2）注重提高个人的创新能力。

丰富的想象、创新能力和前瞻性是室内设计师又一项必不可少的素质，这是室内设计师与工程师的一大区别。工程设计采用计算法或类比法，工作的性质主要是改进、完善而非创新；造型设计则非常讲究原创和独创性，设计的元素是变化无穷的线条和曲面，而不是严谨、繁琐的数据。故在工作之余，要有意识地培养、提高个人的创新思维和创新能力（见图1-2-14）。

图1-2-14　贵宾客房通常在墙面体现金色和米黄色的效果，显示尊贵与奢华，此方案运用顶面局部金色效果，赋予创意

3）及时对个人工作进行总结。

室内设计的方案实施，是一个漫长的过程，很可能遇到这样或那样的问题，需要设计师尽量积累经验和教训，把握每次学习的机会，不断总结自己的不足，反省自己的过失，及时改正错误。

4）合理的安排工作时间与任务。

室内设计的工作过程没有太强烈的规律性，有些设计师在同一时间段需要完成众多项目，因此，只有合理的安排各个工程项目的进度，才能高效地完成方案。

5）端正工作态度、遵守工作纪律。

行业中经常出现一些很棘手的问题和很难解决的事情，随时本着严谨、认真的态度面对和解决问题，严格遵守工作纪律，是设计师最起码的业务素质。

6）控制个人情绪。

由于室内设计师是需要与很多方面的人物打交道，故控制好自己的情绪，是沟通的关键，对提高自身水平有利。

（4）掌握具体的业务流程（见图1-2-15）。

1）预约接待时间、地点，或接待电话咨询。

2）初步接待客户，洽谈，了解客户意图，分析户型，解说设计流程，说明收费计价方式。

3）达成初步协议，进行房屋现场测量。

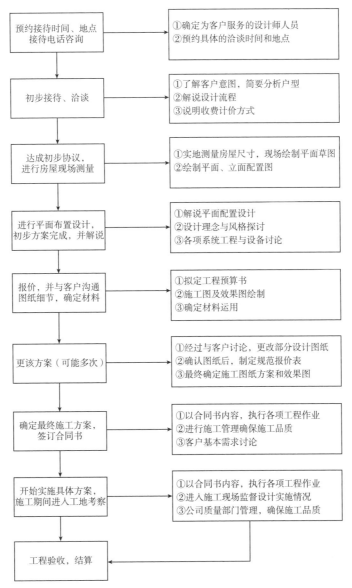

图 1-2-15　室内设计师具体的业务流程

4）进行平面布置设计，初步方案完成，为客户讲解方案，说明设计风格、意图。

5）报价，并与客户沟通细节。

6）更改方案（可能多次），确定施工图纸方案和效果图。

7）确定最终施工方案，签订合同书。

8）开始实施具体方案，施工期间进入工地考察。

9）工程验收，结算。

一般情况下，室内设计师的业务流程按照严格的规定完成，但由于室内设计的行业特性，且经常处于人与人之间的关系中，很容易出现较多人为因素，因此，以上部分次序有可能颠倒或省略，属于正常现象。此外，规模较大、业务范围较广的公司规范性更强。

1.2.2.2　室内设计师岗位职责

（1）资讯规范。

1）了解客户的功能需求，包括家庭人口、性别、年龄、每间房屋的使用要求、家庭成员的爱好、日常生活习惯，业主偏爱的材料、款式、风格、原有陈设、设计布局要求、装修范围和色彩等，进行详细记录。

2）用已经成型的方案进行举例说明，介绍风格、样式、色彩搭配、陈设、绿化等，以便客户直观的描述喜好，全面、快速地启发双方的思路，找到结合点。

3）争取客户的信任，本着诚恳负责的服务态度赢得客户的尊敬和欣赏。

4）了解客户投入资金概算，根据客户的预算进行合理的规划和建议。

（2）量房规范。

1）量房时注意携带工具齐全，如专业卷尺或红外测量器，用来记录尺寸的纸、笔，照相机，DV 等。

2）注意细节尺寸，进行详细标注，尤其是上下水管、暖气、梁柱位置、尺寸，排水位置，开关插座等。

3）注意房屋的结构有没有建筑缺陷，及时向客户建议维修。

（3）设计、绘图规范。

1）量房后，尽快按照公司规定，制作规范的平面布置图和顶面布置图。

2）设计方案的制作过程，应当严格按照行业规定和公司要求，不得私自更改设计图标、设计说明和设计规范。

3）正式开工前，应当作出全套施工图纸，包括平面布置图、地面铺设图、天花吊顶图、水路图、强电弱电图、立面图、剖面图、节点图、大样图及效果图等，还要配有封皮、目录、设计说明，添加规范的图框，打印后，按目录顺序进行装订（见图 1-2-16 ~ 图 1-2-21）。

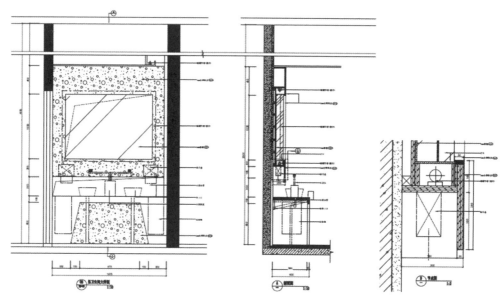

图 1-2-16　从左到右分别为：大样图、剖面图、节点

4）施工图纸原则上使用 A3 纸打印，客户在规定位置签字，图纸一般按公司规定，一式四份，公司保留一份，客户一份，工程部一份，设计师一份。

5）市场有特殊要求时，应协商后同时考虑执行相应特殊规定。

（4）报价规范。

1）报价时，应严格按公司统一规定做工程项目报价，如有不清楚的项目，应向公司技术部门进行咨询，不能擅自改动规定报价。

2）报价时，严禁漏报项目或为了降低报价总额而少报、瞒报单项。

3）严禁将不同级别的报价做在一个工程项目报价单中。

（5）签约规范。

1）设计师签订的合同、图纸、报价单，必须经过严格审核，方可交由客户签字生效，客户未签字合同，公司行政主管应当不予盖章。

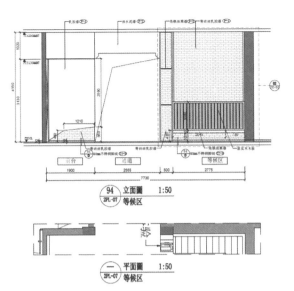

图 1-2-17 某公司等候区立面图

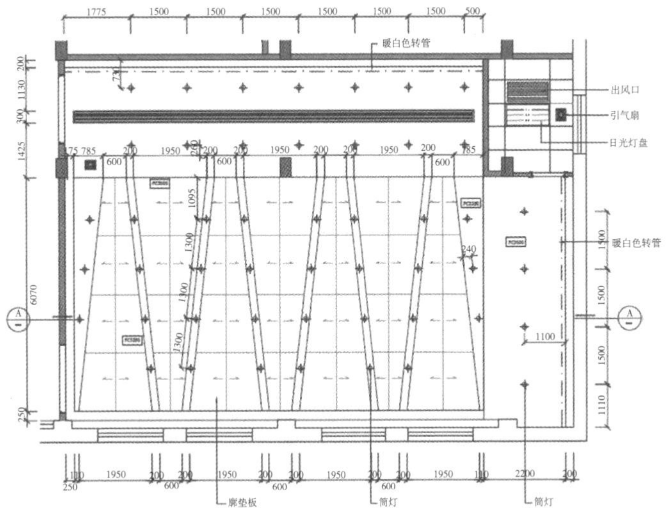

图 1-2-18 某餐厅天花吊顶图

A B C

生物工程开发工程有限公司办公室

施工图

DEF设计事务所

2012.2.2

图 1-2-19 DEF 设计事务所为某公司制作的图纸封皮

序号	图 号	图 号 名 称	日 期	规 格
1	ML-1	图纸目录（一）	2011.02	A1
2	ML-1	图纸目录（二）	2011.02	A1
3	ST-1	设计说明（一）	2011.02	A1
4	ST-2	设计说明（二）	2011.02	A1
5	ST-3	设计说明（三）	2011.02	A1
6	CL-1	材料表（一）	2011.02	A1
7	CL-2	材料表（二）	2011.02	A1
	平面部分			
8	2PL-01	二层平面图	2011.02	A1
9	2PL-02	二层地花平面图	2011.02	A1
10	2PL-03	二层砌墙平面图	2011.02	A1
11	2PL-04	二层天花平面图	2011.02	A1
12	2PL-05	二层插座平面图	2011.02	A1
13	2PL-06	二层给水定位图	2011.02	A1
14	2PL-07	二层立面索引图	2011.02	A1
15	3PL-01	三层平面图	2011.02	A1
16	3PL-02	三层地花平面图	2011.02	A1
17	3PL-03	三层砌墙平面图	2011.02	A1
18	3PL-04	三层天花平面图	2011.02	A1

图 1-2-20 图纸目录局部

图 1-2-21 图纸中设计说明局部

2）合同一式三份，公司一份，客户一份，上级主管部门或合作单位一份（如材料市场），在签约时明确开工日期，工期等细节。

3）报价单一式五份，公司一份，设计师一份，客户一份，工程部一份，监理一份。如有其他部门需要，可以增加复印数量。

4）整套图纸一式四份，公司一份，设计师一份，客户一份，工程部一份。

5）补充条款一式三份，公司一份，客户一份，上级主管部门或合作单位一份（如材料市场）。

6）代购协议一式两份，公司一份，客户一份。

7）代购明细一式四份，公司一份，客户一份，财务部门一份，工程部一份。

8）设计师签约后一日内将报价单转至公司相关部门存档。

（6）现场流程规范（见图1-2-22和图1-2-23）。

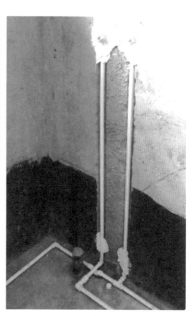

图1-2-22　施工现场，设计师必须指导工作人员按照设计图纸进行吊顶、书柜、水电改造施工

图1-2-23　左侧为厨房铝扣板吊顶的轻钢龙骨，右侧为现场制作衣柜未上漆之前的效果

以居室空间设计的施工过程为例，在整个施工过程中，室内设计师要全程跟踪服务，监督施工现场的实施情况，工人是否按照设计图纸完成设计任务，为工人讲解设计实施细则，与工人沟通设计细部流程和方法。尤其是木工阶段、油漆工

程等，很多界面设计都是依靠木工完成，如顶面的造型吊顶制作，墙面的背景，玄关的造型设计等，需要依靠设计师与现场制作工作人员进行详细的交流，避免出现图纸误差，尽可能完善地实现设计初衷。

（7）全过程服务规范（见图 1-2-24）。

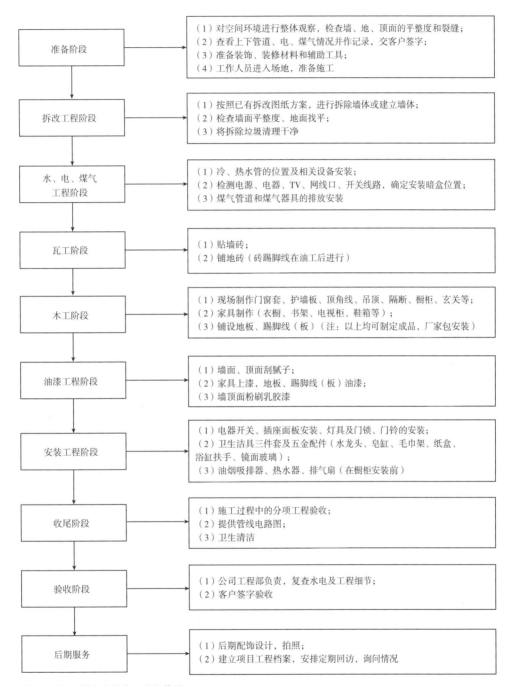

| 准备阶段 | （1）对空间环境进行整体观察，检查墙、地、顶面的平整度和裂缝；
（2）查看上下管道、电、煤气情况并作记录，交客户签字；
（3）准备装饰、装修材料和辅助工具；
（4）工作人员进入场地，准备施工 |

| 拆改工程阶段 | （1）按照已有拆改图纸方案，进行拆除墙体或建立墙体；
（2）检查墙面平整度、地面找平；
（3）将拆除垃圾清理干净 |

| 水、电、煤气
工程阶段 | （1）冷、热水管的位置及相关设备安装；
（2）检测电源、电器、TV、网线口、开关线路，确定安装暗盒位置；
（3）煤气管道和煤气器具的排放安装 |

| 瓦工阶段 | （1）贴墙砖；
（2）铺地砖（砖踢脚线在油工后进行） |

| 木工阶段 | （1）现场制作门窗套、护墙板、顶角线、吊顶、隔断、橱柜、玄关等；
（2）家具制作（衣橱、书架、电视柜、鞋箱等）；
（3）铺设地板、踢脚线（板）（注：以上均可制定成品，厂家包安装） |

| 油漆工程阶段 | （1）墙面、顶面刮腻子；
（2）家具上漆，地板、踢脚线（板）油漆；
（3）墙顶面粉刷乳胶漆 |

| 安装工程阶段 | （1）电器开关、插座面板安装、灯具及门锁、门铃的安装；
（2）卫生洁具三件套及五金配件（水龙头、皂缸、毛巾架、纸盒、浴缸扶手、镜面玻璃）；
（3）油烟吸排器、热水器、排气扇（在橱柜安装前） |

| 收尾阶段 | （1）施工过程中的分项工程验收；
（2）提供管线电路图；
（3）卫生清洁 |

| 验收阶段 | （1）公司工程部负责，复查水电及工程细节；
（2）客户签字验收 |

| 后期服务 | （1）后期配饰设计，拍照；
（2）建立项目工程档案，安排定期回访，询问情况 |

图 1-2-24 居室空间施工流程简图

1）设计师实行全程跟踪服务，监督设计实施情况。

2）开工之前，客户、设计师、项目负责人、工人均要到达现场进行工程说明，就细节问题进行前期沟通。

3）现场交流时，由设计师依照图纸向工程人员详细介绍设计思路，工程人员向设计师提供签字认可后方可开工。

4）设计人员、工程人员如有一方未按照流程操作，或者文件不齐，另一方可拒绝在开工单上签字，并上报公司，由责任方承担损失。

5）设计师应当在工程中期验收前在现场约见客户，共同进行中期设计验收。

6）中期预决算后如有修改和添加项目，设计师应向客户说明，并结算相应款项。

7）设计师应当在工程开工到竣工期间，与客户保持密切联系，发现问题及时协调、处理，消除投诉隐患。

8）设计师有必要在交工之前检查工程是否按照图纸进行施工。

9）如果客户有要求，设计师仍需要陪同客户进行后期配饰的选择与配置，为设计增加陈设设计部分内容。

1.2.2.3　室内设计师的具体工作程序及注意事项（以居住空间设计为主）

室内设计师拥有一定的业务范围，其工作不仅仅是做出一个又一个设计方案，而是通过做出的方案，与客户更好的沟通交流，根据房屋情况和实际需求，为客户解决问题，使设计更加合理化、舒适化、美观化，尤其是居室空间的设计，一般属于客户最温馨和信任的环境，为客户生活而用，因此，更加要顾及到设计的细节处理和优化配置，为客户带来最满意的服务。作为一名比较专业的室内设计师，应当注意在业务流程和施工期间自己的具体工作程序和注意事项。

（1）介绍情况。

需要设计师热情地为客户介绍公司的情况、自己的情况与资历、自己的设计特点、现在常用的流行风格以及自己对室内设计有什么观念等，还要提前制定自己的作品图册，以便为客户展示，增加对方的信心。还可以为客户提供一些风格种类不同的效果图片，以便分析客户的喜好。客户咨询一些问题时，要诚恳的进行回答，讲解的尽量详细，不可以呈现不耐烦的态度。如有不确定的答案，请示其他相关人员或公司主管部门。

（2）询问要求。

当介绍完自己的情况后，就要认真的询问客户的基本情况和基础要求，记录客户的个人、家庭状况、对装修的要求、喜好、职业，如果客户携带了购房时的户型图或客户可以徒手绘制出自己想要设计的空间的户型，可以先行构思一下大体的设计思路，如果户型有相对不够协调的区域或位置，可以提出一些解决方案供客户参考，这样会增加对方对自己的信任程度，也会不经意间便流露出自己对于设计的熟练程度和经验。但是，要尽量避免尚未成熟的设计思路，否则会适得其反，造成客户的反感。这就需要自己平时多做功课，平时在别人与客户沟通时，多听取一些好的建议，以备不时只需。经验就是设计师最重要的法宝和武器。最后，记得和客户约定测量房的时间、地点。

（3）评估造价。

评估造价一般都是在看到户型图后，以公司常规算法，给一个约数，由于客户咨询的范围一定会涉及工程费用的问题，因此，每个公司都会就自己的收费标准，评估一个简易的计算方法，如在总建筑面积的基础上乘以 X（如 $X=600$），大约算出最后的费用，但这种算法往往误差较大，必须向客户说明这一点。另外，评估造价时，可能会分为几个级别，如低档装修 $X=500$，中档装修 $X=800$，高档装修 $X=1200$ 等，级别是依照所使用的材料、工艺、造型、制作难度等衡量的，再有就是风格不同，造价差别也较大。此外，规模较小的公司和大型公司对于家装收费规格有所区别，前者是在客户同意量房时，收取量房押金，一般 500～1000 元，但这些钱最终都会合并到工程款中，设计免费；后者量房之类均不收取费用，而要按照 m^2 数收取设计费用，少则 500 元，多则几万元的都有。

（4）测量现场。

进入测量现场，首先要进入每个分隔空间巡视，然后现场绘制平面草图，用专业卷尺或简易红外线测绘仪进行房屋的测量，如果是居室空间，房屋面积较小的，在很短时间便可完成测量工作，如果是别墅空间或公共空间，测量时尽量选择仪器，否则很多较远较长的尺寸，卷尺是没有办法一次性测出数值，完成起来增加了很大的难度，会浪费更多的时间。测量完平面尺寸后，开始测量立面尺寸，在墙角位置测量房屋的高度，有承重梁的位置，测量梁下高度（为日后设计吊顶打基础），记录原有开关插座位置，原有上下水位置，马桶位置（购买马桶时需要提供马桶中心口据墙的距离），煤气、天然气位置，一般门厅处有总电箱，有碍美观，客户会要求将其用一定方式遮蔽，检查防水是否完整。（见图 1-2-25）记录了全部尺寸和位置后，开始向客户询问要求，和客户探讨设计方案，记录客户的特殊要求，以及现场达成协议的解决方法，还有补充第一次遗漏的问题，如客户原有什么陈设、家具、收藏品等，需要给其在新的空间流出一定的位置摆放等。期间，运用照相机、DV 拍摄毛坯房现场，以利于处理现场问题，为设计过程提供空间协助。最后与客户约定下次见面时间。

图 1-2-25 从左到右为：马桶位置、暖气接口和台盆水路、卫生间铺地砖前试水，检查防水制作效果，检查楼下是否漏水

（5）完成平面设计方案、制作报价，并与客户沟通。

使用 CAD 软件绘制原始尺寸图，最先完成平面布置图和天花吊顶图，以便与客户交流，根据设计方案标注使用的材料，按照公司统一标价标准制作报价表。也可先与客户讨论设计方案，待客户同意后，再制作报价，具体情况由双方约定达成共识。按照实际操作状况，方案的讨论要经过反复的过程，因此，平面布置图等都会经过多次修改，才能最终确定。为客户讲解设计方案时要尽量详细的说明设计思路、设计初衷、设计风格、预期达到的效果，对一些特殊问题进行处理后，要交代处理方法和理由。同时需要注意，不要盲目评估总体造价，先要按照客户的心理价位，给予意见，讲解报价时，也要详细说明施工工艺、材料、工人费用等具体报价出处，使客户详细了解自己的钱花在什么地方。

（6）绘制效果草图，为客户讲解。

与客户沟通的过程，如果没有较大的分歧，便可着手制作效果图。设计师一般不会亲自制图，公司通常会为设计师配备专业的制图员。效果图可以为客户提供最直观的设计成果。以居室设计为例，每个功能空间需要出一张效果图，如果空间较大的如起居室、餐厅等需要从不同角度出 2 ~ 3 张效果图。如果卧室和卫生间无太多设计成分，使用常规做法可不出效果图。为客户讲解效果图时，应说明效果图的家具均为模型，与实际有一定误差，效果图毕竟还是计算机制作，与真实场景也会有所不同，希望客户做好心理准备，避免最终效果与效果图不符而产生纠纷。

（7）完成各项施工图，按一定顺序和规范，打印图纸装订。

效果图确定之后，需要设计师补充完整所有施工图，以便交给工程部门进行施工，效果图也要进行打印，附在成套图纸中间。按照一定要求打印成册之后，准备合同，约见客户进行签约。

（8）签订合约。

合同是规范双方权利义务的有效手段，具有法律效力，因此签订合同的双方都要按照合同的规定履行要求，合同一般有统一的范本，填写内容也有统一要求，如首期付款日期、开工日期、竣工日期、中期款付款时间、付款方式、付款金额等，都有具体规定。签订正式合同后，3 日内将合同交到质量经营部门审核，准备开工的一切事宜，签订合同时应当提供详细工艺质量说明，以备施工人员参考使用。工艺不明之处，请教工程部门解决，切勿忽略不理。

（9）方案调整及现场服务。

开工依照一定的规范，进现场与各方人士进行沟通，履行自己的指导职责，为设计提供有效的服务，以负责任的态度帮助客户监督设计的完成情况。按照施工流程，利用照相设备，记录工程进度，留下一定的现场资料备案。期间需要陪同客户进行材料、家具、陈设的选择。本着认真负责的态度，为客户提供专业的指导和服务，把每一个方案项目，都当做自己将要完成的设计作品去看待（见图 1-2-26 和图 1-2-27）。

图 1-2-26 从左到右为：门与门套的制作、书房柜体现场制作、起居室墙面插座口各种弱电强电位置

图 1-2-27 从左到右为：居室空间的工作室书柜、书桌台，欧式风格客厅墙面处理，固定衣柜配以可透气活动柜门

这些就是室内设计师需要具备的具体工作流程和在具体操作时的注意事项。当然，实际过程中会有很多变化和突发事件，需要设计师随机应变的进行处理，有些需要利用自己的经验解决，有些可以请示相关人员进行指导。这是一个需要长期积累的过程，室内设计也是重视实践性的行业，做设计师并不难，要成为一名优秀的设计师，就需要多做方案、积累经验、总结不足、不断提高个人的综合素质，抓紧一切机会表现自己的才能，多参加一些国家、地方举办的比赛和展览，在见识行业发展的同时，提高自己。如果能够在相关的比赛取得好的成绩，对于自己也是个鼓励和认可。

模块 2 | 总平面布局组织设计

课题2.1
空间组织

● **学习目标**

通过某一家居空间室内总结构的认知及总平面布局设计图纸的讲解，结合本课题知识学习，让学生能够独立分析家居室内空间，绘制结构分析图和总平面布局图。

● **学习任务**

（1）空间组织的基本知识点掌握。

（2）根据不同的空间结构和功能选择不同的空间连接方式。

（3）在空间组织设计中正确运用人机工程学原理。

● **任务分析**

本课题通过空间组织形式和连接方式原理的学习，让学生能够依据空间功能重新组织空间，选择各空间之间正确连接方式。同时运用人机工程学中测量学知识和环境心理学知识正确的设计空间。

2.1.1 空间的组织

空间，对我们来说是个再熟悉不过的词语，思维空间、虚拟空间、网络空间、交换空间……

不同的角度，"空间"有着不同的解释：经典物理学认为，"宇宙中物质实体之外的部分称为空间。 相对物理学认为，宇宙物质实体运动所发生的分称为空间。 航天术语则是，外层空间简称空间、外空或太空。 数学术语，空间是指一种具有特殊性质及一些额外结构的集合。 互联网上：指盛放文件或者日志的地方。""空间的哲学定义为能够包容（所有）事物及其现象的场所。"

室内设计专业认为，空间是有长、宽、高三维度所规定的事物。室内设计专业是对具体哲学概念的空间研究。

2.1.1.1 空间是建筑的特征

观察图2-1-1和图2-1-2，认真思考建筑和雕塑的区别。

建筑与雕塑的区别如下：

（1）雕塑的体积可大可小；而建筑的体积都比较庞大。

（2）雕塑作为艺术作品，给人是精神上的享受；建筑不但具有雅俗共赏的艺术美感，同

图2-1-1 "扭曲"的门

图2-1-2 自由女神像

时具有可以满足人类居住、生活、工作等使用功能。

（3）雕塑的价值在于它的外在艺术性；建筑的最大价值则在于它的内在空间的使用性。内部空间正是由外部造型围合出来的，而人们使用的正是内部空间，所以空间是建筑的特征。

2.1.1.2 空间的分类

（1）空间根据形态可以分为个体空间，复合空间和群体空间。

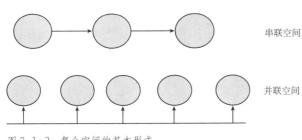

图2-1-3　复合空间的基本形式

1）个体空间，也称为单体空间。个体空间按形状可分为：矩形空间、球状空间、锥形空间、自由式空间。

2）复合空间，有两个及两个以上空间穿插、组合而成的空间，具体形式包括串联空间和并联空间，其组合形式如图2-1-3所示。

3）群体空间，由多个单体建筑按照一定的形式美的法则组合而成的空间。一般群体空间多是指室外广场、住宅区等。

我国古代最恢宏的群体空间是紫禁城。

（2）空间根据虚实形式及围合方式来划分，可分为开放式空间、半开放式空间、闭合式空间。

1）开放式空间。

开放式空间是指没有传统到达房顶的墙壁、沉重的家具设施来分隔围合空间。室内空间宽敞明亮，空间不具有私密性，生活其中的人们可以自由行动。一般开放式空间主要应用在人流大的公共空间。住宅空间中的客厅、餐厅，根据客户的要求及户型的面积结构可设计成开放式空间。

2）半开放式空间。

半开放式空间强调既要保证人在空间中的行动便利和视线的开阔，同时也强调人的私密性。在较小面积的住宅空间中为了保证空间的多功能性常会使用这种空间组织形式。

3）闭合式空间。

闭合式空间是最传统的室内空间，强调人的私密性和独立性。这种空间给人较强的安全感，静谧感，在住宅空间里常常用于卧室、书房的设计。

（3）室内空间根据构成划分，还可以分为以下几种。

1）水平界面标高变化可分为：①下沉空间；②地台空间；③悬浮空间。这类空间通常是在某一空间内通过地面的高差变化限定或创造出另一功能空间（见图2-1-4）。值得注意的是，前两种空间是根据房型结构、面积大小和为满足客户的功能需求的情况下使用，一般在有老人和小孩的住宅空间里为安全起见我们不赞成随意使用这类空间形式。悬浮空间一般用于大型影剧院、体育馆等大型公共空间。

2）垂直界面局部凹凸变化可分为：①凹入空间；②外凸空间。

运用实质环境要素可创造结构空间，运用非实质环境要素可创造虚拟空间、迷幻空间（见图2-1-5和图2-1-6）。

运用空间体量大、小变化与组合，可创造母子空间、共享空间（见图2-1-7和图2-1-8）。空间根据动静关系上可分为动态空间和静态空间。

图2-1-4　地台空间与下沉空间可以说是同一空间不同角度形容。木质地台在有限的儿童房中创造出一个儿童嬉戏玩耍的空间

图 2-1-5 利用空间的建筑结构和家具的布置，在卧室里虚拟出书房的功能空间

图 2-1-6 运用夸张的造型和色彩，创造出让人产生迷幻效果的空间

图 2-1-7 利用半高的隔断装饰墙在某一空间中创造出几个小空间，强调人的领域性、私密性

图 2-1-8 人们在任意楼层走动，都能观赏、享受大厅的热闹

2.1.2 空间的连接方式

2.1.2.1 空间的连接

（1）间接连接。

在两个大空间插入一个较小的过渡空间，从而使两个空间的连接产生弹性，使人在进行于两个空间之中时有一个缓冲阶段（见图 2-1-9）。

（2）直接连接。

两个空间之间通过门窗洞口直接相连。

2.1.2.2 室内空间的分隔

室内设计首先进行的是空间组合，这是室内设计的基础。各空间关系除了一定的联系，也有各自的独立性，这主要是通过分隔的方式来体现。

（1）绝对分隔。

由承重墙、到顶的轻质隔墙分隔出界限明确、限制

图 2-1-9 过道成为起居室和其他空间之间的缓冲空间

度高、空间封闭的分隔形式。其具有隔声良好、视线完全阻断，温度稳定、私密性好、抗干扰性强、安静的优点，不足之处在于空间封闭，与周围环境流动性差，如我们的主卧室。

（2）局部分隔。

用片断的面（屏风、翼墙、较高的家具、不到房顶的隔墙等）来进行划分的分隔形式称为局部分隔。空间分隔效果不十分明确，被分隔空间界限不大分明，有流动的效果（见图 2-1-10）。

（3）象征性分隔。

用片断、低矮的面、家具、绿化、水体、悬垂物、色彩、材质、光线、高差、音响、气味等因素，还有柱杆、花格、构架、玻璃等通透隔断来分隔空间的分隔空间形式称为象征性分隔。其分隔方式的限定度很低、空间界面模糊，侧重于心理效应，隔而不断，层次丰富，流动性强，强调意境及氛围的营造（见图 2-1-11）。

（4）弹性分隔。

利用拼装式、折叠式、升降式、直滑式等活动隔断和家具、陈设帘幕等分隔空间。

优点：灵活性好、操作简单（见图 2-1-12）。

图 2-1-10　利用带有镂空效果的木质隔墙较好将客厅与餐厅进行分隔

图 2-1-11　几根绿竹便将门厅与其他空间分隔开来

图 2-1-12　利用轻质挂帘将睡觉和学习的空间分隔开

2.1.3　人机工程学在空间中的运用

室内设计的最终目的是为了人创造良好的符合人类生存活动需要的室内空间环境，那么人的环境行为是设计师在室内设计时必须考虑的重点之一。人的环境行为特征对室内空间创造、功能区域划分和陈设布置有指导性意义。

人和环境的交互作用表现为刺激和效应，效应必须满足人的需要，需要反映为人在刺激后的心理活动的外在表现和活动空间状态的推移，这就是人的环境行为。环境行为最重要的组成部分即是外在表现的身体活动和内在心理活动，这也是人机工程学在室内空间设计中运用的重要部分。

2.1.3.1　人体测量学与室内空间

在进行室内空间的组织和设计时，我们不得不考虑生活其中的人的活动方式和人体的基本数据。人体的基本数据主要包括人体构造、人体尺度以及人体的动作域等数据。其中人体尺度和动作域我们组织空间和家具设计提供了尺寸依据。这里介绍一些常用的人体及家具尺寸数据供初学者参考，如表 2-1-1 ~ 表 2-1-3 所示。

表 2-1-1 作业情况选定作业姿势

作业姿势	作业情况		
	作业范围半径（mm）	操纵力（N）	操作活动
坐姿	350～500	<50	受限制
坐/立交替	380～500	50～100	受一定限制
立姿	>750	100～200	受限制不大

表 2-1-2 坐姿作业工作面高度 单位：mm

名称	男性	女性	男女共享	男性		女性	
				粗加工	精密工作	粗加工	精密工作
固定工作面高度	850	800	850	779	850	725	800
坐平面高度调节范围	500～600	450～600	500～650	500～575			
搁脚板高度调节范围	0～250	0～300		0～175			

表 2-1-3 适宜立姿的工作面高度 单位：mm

确定工作面高度的基准	性别	工作面高度		
		精密或轻负荷作业	一般或中等负荷作业	重负荷作业
以地面为基准	男性	950～1100	900～950	750～900
	女性	900～1050	850～900	700～850
以肘高为零线	不分性别	10～25	-15～5	-50～-25

男性肩宽平均值 530mm，坐姿臀宽 356mm
女性肩宽平均值 520mm，坐姿臀宽 363mm 　}　单人通过最小宽度为 750mm。

住宅空间一般通道为 1000～1500mm。

客厅——电视柜：高 300～450mm，深 250～350mm。

餐厅——餐桌高：750～790mm；餐椅高：450～500mm；圆桌直径：2 人 500mm、3 人 800mm、4 人 900mm、5 人 1100mm、6 人 1100～1250mm、8 人 1300mm、10 人 1500mm；方餐桌尺寸：2 人 700mm×850mm、4 人 1350mm×850mm、8 人 2250mm×850mm；酒吧台高：900～1050mm，宽 500mm；酒吧凳高：600～750mm；餐柜柜深 300mm。

卧室——床：长 2000mm、2300mm，高 350～450mm，床背高：850～950mm；单人床宽度：900mm、1050mm、1200mm；双人床宽度：1500mm、1800mm、2000mm；床头柜：高 350～500mm、宽 450～800mm；衣柜：柜高 2000mm～房顶，平开门式衣柜深 550mm，推拉门衣柜深 600mm。

厨房——地柜：高 700～750mm，深 520～530mm；吊柜：距离地面高 >1600mm，高 500～600mm。

卫生间——浴缸：长度一般有 3 种 1220mm、1520mm、1680mm，宽 720mm，高 450mm；坐便器：750mm×350mm；蹲便器：宽 350～500mm，长 750～900mm；洗面台：宽 600～800mm，长 800mm、1000mm、1200mm、1500mm、1800mm，高 750～900mm；淋浴器高：2100mm。

2.1.3.2 环境心理学与室内空间

人们通过自己的行为使外界事物产生变化，而这些变化了的外界事物（即所形成的人工环境）又反过来对行为为主体的人产生影响，在这一相互影响的过程中伴随着一定的人的心理活动变化。

（1）室内个体空间的形态心理。

1）矩形空间——强调领域感、私密感、安全感，人的活动具有独立性并不被打扰。

2）拱形和球形室内——有向上的升腾感，给人高大、苍穹的感觉。

3）锥形空间——具有独特性、创造性，同时也会有一定的压抑感。

4）自由式空间——不拘一格，具有新奇感，适合具有创造性的使用者。

（2）复合空间的形态心理。

1）并联式室内空间。

干扰少，隔绝性较强，有适度的联系，亲密性差，但自主性强，在公共建筑和住宅中广泛应用。

2）串联式室内空间。

联系性强，既有亲切感，又有适度划分，既有空间秩序性，又使空间具有层次感。

（3）群体空间的形态心理。

1）序列空间。

多个空间形成由低潮到高潮的线性序列，层次感强，精神也受到感染，并产生庄严、肃穆、隆重的感受。

2）组合空间。

以某个空间为中心，按主次关系加以组合形成的空间形式。这种空间向心性强，主次分明，组合自由，平易而亲切。

（4）空间的围透给人的心理感受。

1）开放空间：视域宽广，与自然联系性强，关系亲密。开朗、博大、奔放，但也产生空旷、孤寂、冷漠和不安全的感受。适用于郊外别墅，观景台等空间。

2）半开放空间：有突破感的心理反应，局部的通透则是人与自然对话的场所，视线延展。

3）闭合空间：封闭、局促、狭隘甚至窒息的心理联想。

课题2.2
空间的测量与设计

● 学习目标

通过对空间测量知识的讲解，以及带领学生现场测量住宅商品房，让学生能独立徒手绘制房屋结构图并测量房屋尺寸。

● 学习任务

（1）住宅空间基本尺寸知识点的掌握。

（2）测量的基本步骤和方法。

（3）徒手绘制房屋结构图并标注测量具体尺寸。

（4）根据居住空间的原始结构和客户的居住要求绘制结构气泡图。

（5）根据结构气泡图绘制总平面图。

（6）在设计构思阶段及总平面图陈述阶段，强化学生间的沟通，加强学生的表达设计思想和描述设计成果的能力。

（7）将徒手房屋测量图绘制成CAD结构图。

● 任务分析

房型图的徒手绘制是室内设计工作者的基本技能，是其后期设计成功的先决条件，在设计师与客户交谈沟通过程中、设计方案的确定过程中起到至关重要的作用。徒手绘制技能在设计师与客户初次的见面中奠定了重要的作用，是设计师顺利接单的主要因素之一。

2.2.1 核准现场是设计成功的先决条件

在承接室内设计项目时通常有两种情况：一是建筑框架墙体已基本完成，客户委托室内设计师介入设计工作；二是在建筑方案阶段建筑师或客户邀请室内设计师早期介入，一起对即将开展的建设项目进行设计探讨。

第二种情况往往对设计构思创作的综合能力要求较高，一些具有预见性的建议会对建筑的结构应用以及设备协调有着非常重要的影响，能减少许多由建造环节不协调或不当所造成的无效成本，它是建筑设计组合的最佳创作方式，能创作出相对完美的空间及细节，值得推广。不管图纸深度进行到何种阶段，当建筑现场真正具备时，第二种情况仍需认真核对现场尺寸，检查图纸尺寸与建筑现场的误差，及时修正与现场不符的设计。

室内设计所实施的所有表面装饰工程质量的好坏都源于对建筑现有条件的了解和对隐蔽工程的合理处理上，所有图纸必须充分考虑各种管线梁柱的因素，选用合理的工艺、材料进行包覆及装饰，能避免纸上谈兵式的无谓劳动。核准现场对以后所有以核对现场图纸为基础派生出来的设计图纸有着重要的保证和可实施性，是整个设计过程中最重要的一环，不能掉以轻心，无疑它是设计成功的先决条件。

2.2.2 量房的要点

2.2.2.1 度量现场之前应与业主进行初步沟通

度量现场之前应与业主沟通初步的设计意向，取得详细的建筑图纸资料（包括建筑平面图、建筑结构图、已有的空调图、管道图、消防箱和喷淋分布图、上下水图、强弱电总箱位置等）。了解业主的初步意向及对空间、景观取向的修改期望，包括墙体的移动、卫生间位置的改变、建筑门窗的改变等，记录并在现场度量工作中检查是否可行。

2.2.2.2 分析房型结构，为其后的概念设计做好准备

接到设计任务后，首先要熟读建筑图纸，了解空间建筑结构。

2.2.2.3 现场勘察，测量房型

（1）准备工作。

1）设计师须跟随客户及本组其他成员，如设计师助理一并到现场。

2）有条件的话可预先准备好图板和图板活动支架。

3）复印好 1∶100 或 1∶50 的建筑框架平面图 2 张，一张记录地面情况，一张记录天花情况（小空间可一张完成），并尽可能带上设备图（梁、管线、上下水图纸）。

4）备带硬卷尺、皮拉尺、铅笔、记号笔、橡皮、涂改液、数码相机、电子尺等相关工具。

5）穿着行动方便的运动服装或耐磨式服装，穿硬底或厚底鞋（因工地会有许多突发的因素，避免受伤）。

6）进入现场前必须戴工地安全帽。

（2）度量顺序及要点。

1）放线以柱中、墙中为准，测量梁柱、梯台结构落差与建筑标高的实际情况，通常室内空间所得尺寸为净空。

2）测量现场的各空间总长、总宽、墙柱跨度的长、宽尺寸，记录清楚现场尺寸与图纸的出入。记录现场间墙工程误差（如墙体不垂直，墙角不成 90°）。

3）测量混凝土墙、柱的位置尺寸。

4）测量空间的净空及梁底高度、实际标高、梁宽尺寸等（以平水线为基准来测，现场设有平水线则以预留地面批荡厚度后的实际尺寸为准来测量）。

5）标注门窗的实际尺寸、高度、开合方式、边框结构及固定处理结构，记录户外景观的情况。

6）记录雨水管、排水管、排污管、洗手间下沉池、管井、消防栓、收缩缝的位置及大小，尺寸以管中为准，要包覆的则以检修口外最大尺寸为准。

7）地平面标高要记录现场实际情况并预计完成尺寸，地面、批荡完成的尺寸控制在 50～80mm 以内。

8）现场平水线以下的完成面尺寸，平水线以上的天花实际标高。

9）记录中庭结构情况，消防卷闸位置，消防前室的位置、机房、控制设备房的实际情况。

10）结构复杂地方测量要谨慎、精确，如水池要注意斜度、液面控制；中庭要收集各层的实际标高、螺旋梯的弧度、碰接位和楼梯转折位置的实际情况、采光棚的标高、光棚基座的结构标高等。

11）复检外墙门窗的开合方式，落地情况。幕墙结构的间距，框架形式、玻璃间隔，幕墙防火隔断的实际做法，以及记录外景的方向、采光等情况，并在图纸上用文字描述采光、通风及景观情况。

12）红色笔标出管道、管井具体位置，最有效的包覆尺寸用绿色笔标注尺寸、符号、尺寸线，红色笔描画出结构出入的部分，黑色笔、铅笔进行文字记录、标高，如图 2-2-1 所示。

（3）现场测量成果的要求。

1）要求完整清晰地标注各部位的情况。

2）尺寸标注要符合制图原则，标注尽量整齐明晰，图例要符合规范。

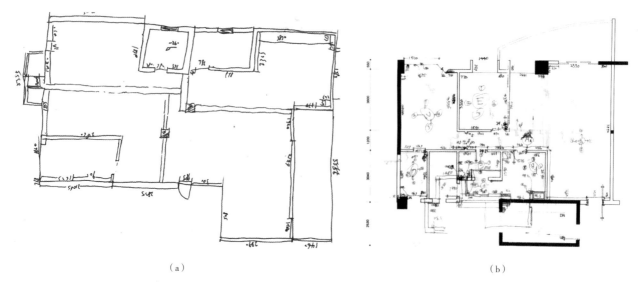

（a）   （b）

图 2-2-1 量房图
（a）学生习作量房图；（b）现场量房图

3）梁高 h=1850mm 或在附加立面标注相对标高。

4）要有方向坐标指示，外景简约的文字说明，尤其是大厅景观、卧室景观、卫生间景观。

5）天花要有梁、设备的准确尺寸、标高、位置。

6）图纸须由全部到场设计人员复核后签署，并请委托方随同工程部人员签署，证明测量图与现场无误。

7）现场测量图应作为设计成果的重要组成部分（复印件）附加在完成图纸内，以备核对翻查。

8）现场测量图原稿则应始终保留在项目文件夹中，以备查验，不得遗失或损毁。

9）工地原始结构的变更亦应作上述测量图存档更新，并与原测量图对照使用。

10）测量好的现场数据是以后设计扩初的重要依据，到场人员应以务实仔细的态度完成上述工作，并对该图纸真实确切地签名负责（见图 2-2-2）。

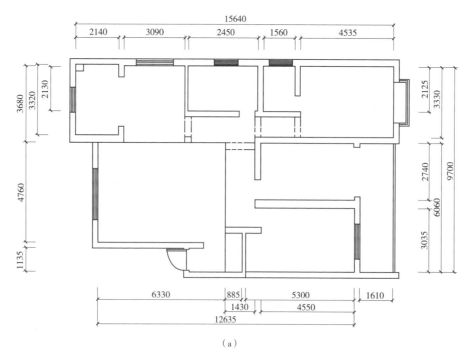

（a）

图 2-2-2（一） 根据图 2-2-1（a）量房图绘制的 CAD 结构图

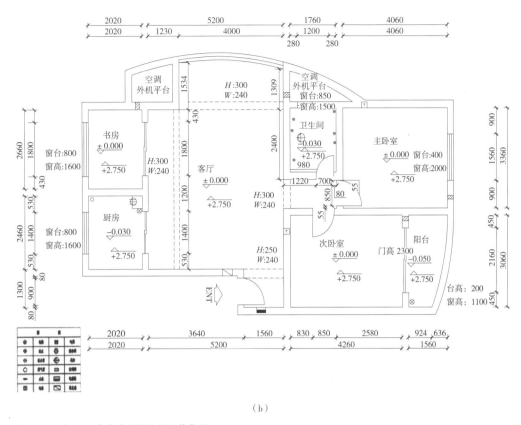

（b）

图 2-2-2（二） 徒手稿绘制的 CAD 结构图

2.2.3 总平面图的构思设计

住宅空间不是一件静态的艺术作品，看几眼称赞一番就行了的，它是一个生活的场所，处于永恒变化中，与住在里面的人发生相互作用。不论是最初住宅空间的地段、户型的选择，还是居住多年后，人们的改建塑造，对居住其内的人们都有很多的影响。一个好的室内设计有助于人们身心健康以及生活品质的提高，与其说室内设计是对室内空间的设计不如说室内设计是对人们生活方式的设计。

住宅空间室内设计很大程度上取决于用户的家庭成员结构和具体空间组成。一般来说，住宅空间组成无论面积大小和户型有何不同，都是由起居室、餐厅、卧室、厨房和卫生间主要空间组成。面积较大的户型则可以另设玄关、书房、景观阳台、储藏室等（见图 2-2-3）。

随着现代科技和人们生活水平的不断发展提高，各种新材料、新技术和新设备必然要进入现代居室，也由于设计理念的不断深化，住宅的空间组成也在不断变化，目前主要有三种趋势：第一种趋势是空间不断丰富，分区更加明确，也就是在解决生理分室的基础上，还进一步细化了功能分区；第二种趋势是空间设计的多功能，这里需要说明，它绝不是因为空间太小不得已而为之的做法，恰恰相反，它所体现的是一种积极主动的、很有价值观的思路；第三种趋势是设计可变动空间，这是设计师以一种动态的、可持续发展的理念来审视设计思路，以适应用户家庭的人口和空间结构和空间功能的变化。

图 2-2-3 住宅空间功能组成

在介绍进行住宅空间分区之前，我们有必要明确住宅空间室内设计的要求：首先安全性和私密性是住宅空间室内设计的前提；其次是室内功能分区要满足使用者的要求，注意各区域和活动之间的毗邻关系；第三要注重陈设的作用而适当淡化界面的装修，还要注重厨房和卫生间的设计与装修；最后是总体设计的风格要作通盘的考虑，这种通盘的考虑并不是要求所有的空间都必须保持同一种风格，不同功能的空间我们在具体设计时可以有一定的变化，但必须是在设计主线明确的前提下，要考虑色彩、材料、家具陈设的造型和主题风格的协调。

2.2.3.1 住宅空间室内设计主流风格

我国的室内设计行业从 20 世纪 70 ~ 80 年代开始发展到现在，设计风格也由以往的单一幼稚发展到如今的丰富成熟。目前社会上主流的设计风格有如下七种：

（1）新中式风格。

每一种装修风格都有其特定的文化背景作为支撑，新中式风格体现了中式元素与现代材质的巧妙兼柔，以此来传递特定文化氛围中人们的生活追求，营造的是极富中国浪漫情调的生活空间，红木、青花瓷、紫砂茶壶以及一些红木工艺品等都体现了浓郁的东方之美。这种极简主义的风格渗透了东方华夏几千年的文明，因此不管是中国人还是外国人都非常地喜欢这种新中式装修风格，它不仅永不过时，而且时间愈久愈散发出迷人的东方魅力。

新中式风格非常讲究空间的层次感，尤其是在面积较小的住宅中，往往可以达到"移步换景"的装饰效果。在需要隔绝视线的地方，则使用中式的屏风或窗棂、中式木门、工艺隔断、简约化的中式"博古架"，通过这种新的分隔方式，单元式住宅就展现出中式家居的层次之美。再以一些简约的造型为基础，添加了中式元素，使整体空间感觉更加丰富，大而不空、厚而不重，有格调又不显压抑（见图 2-2-4）。

（2）现代风格。

现代风格即现代主义风格，可以成为现代简约风格。现代主义也称功能主义，是工业社会的产物，起源于 1919 年包豪斯学派，提倡突破传统，创造革新，重视功能和空间组织，注重发挥结构构成本身的形式美，造型简洁，反对多余装饰，崇尚合理的构成工艺；尊重材料的特性，讲究材料自身的质地和色彩的配置效果；强调设计与工业生产的联系（见图 2-2-5）。

图 2-2-4　新中式风格

图 2-2-5　现代风格

（3）欧式风格。

欧式风格泛指欧洲特有的风格。一般用在建筑及室内行业。欧式风格是具有欧洲传统艺术文化特色的风格。欧式风格的居室不只是豪华大气，更多的是惬意和浪漫。通过完美的曲线，精益求精的细节处理，带给家人不尽的舒适感，实质上和谐是欧式风格的最高境界。

欧式风格的装饰元素是：罗马柱、阴角线、挂镜线、腰线、壁炉、拱形或尖肋拱顶、拱及拱券、顶部灯盘或者壁画等。同时，欧式风格对房子的面积有一定要求。一般欧式风格适合于大面的户型，如果户型面积太小，不但无法体现其恢弘的气势，反而对生活其中的人造成压迫感（见图 2-2-6）。

（4）新古典风格。

新古典主义的设计风格其实是经过改良的古典主义风格。欧洲文化丰富的艺术底蕴，开放、创新的设计思想及其尊贵的姿容，一直以来颇受众人喜爱与追求。新古典风格从简单到繁杂、从整体到局部，精雕细琢，镶花刻金都给人一丝不苟的印象。一方面保留了材质、色彩的大致风格，仍然可以很强烈地感受传统的历史痕迹与浑厚的文化底蕴，同时又摒弃了过于复杂的肌理和装饰，简化了线条（见图 2-2-7）。

图 2-2-6　欧式风格

图 2-2-7　新古典风格

1）"形散神聚"是新古典的主要特点。在注重装饰效果的同时，用现代的手法和材质还原古典气质，新古典具备了古典与现代的双重审美效果，完美的结合也让人们在享受物质文明的同时得到了精神上的慰藉。

2）讲求风格，在造型设计的不是仿古，也不是复古而是追求神似。

3）用简化的手法、现代的材料和加工技术去追求传统式样的大致轮廓特点。

4）注重装饰效果，用室内陈设品来增强历史文脉特色，往往会照搬古典设施、家具及陈设品来烘托室内环境气氛。

5）白色、金色、黄色、暗红色是欧式风格中常见的主色调，少量白色糅合，使色彩看起来明亮。

（5）混搭风格。

"混搭"一词源于时装界，本意为把风格、质地、色彩差异很大的衣服搭配在一起穿。它打破了过去单一而纯粹的着装风格，使着装者百变而神秘。

家居"混搭"的兴盛，可以归结于人们对美的"贪婪"。完美主义者在任何一种风格里都会看到缺点，所以他们干脆自己创造一种风格，只有在唯美的地方才会让他们感到真正的舒服。于是，他们没有把某一种风格作为家居的主角，而是让它们在各个角落里暗自升华。有轻有重，有主有次，不同的元素不会互相冲突甚至破坏空间的整体感。看似漫不经心，实则出奇制胜，真正体现设计者的审美情趣和品位。家居"混搭"最能在这个个性凸现的时代，更恰当、更充分地反映一个人的个性和爱好，因此它愈来愈受到设计师的青睐（见图 2-2-8）。

一套住房里既有造型独特的西式沙发，又有线条古典的明清坐椅；既有 16 盏灯泡的仿古水晶灯，又有景德镇的青花瓷瓶。镶着金黄饰边的欧式梳妆

图 2-2-8　中西混搭风格

台，台面却刻有中式复古的花鸟图案，但看起来又是那么的协调与和谐。正如那些历史久远的老公寓，在经过了必要的现代装修之后，新与旧、现代与古典相交融之后产生的复杂而低调的美感，是无与伦比的。但是混搭不代表乱搭一气，它需要注意以下几点：

1）忌主调不明。

一个家里要呈现出什么样的风格一定要统一，不能客厅是欧式古典，卧室却变成中国清代的繁复风格，洗手间又采用地中海风格的装修，超过三种以上的风格调和在一起对整体和谐是一大挑战。

2）忌色彩太多。

混搭的家里一般都比较繁复，东西比较多，家具配饰也少简洁的样式。在色彩的选择上就更要小心，免得整体显乱。在考虑整体风格的时候就需要定下一个两个基本色，然后在这个基础上添加同色系的家具，配饰则可以选择柔和的对比色以提升亮度，也可以选择中间色显示内敛。

3）忌配饰太杂。

配饰在混搭中的使用更要遵循精当的原则。多，未必累赘；少，未必得当。虽然整体面积不是很大，材质色彩也需要拟定1～2种色彩、质地和花纹，比如使用壁纸，那么窗帘、沙发、床品都需要考虑搭配。除非用来专门展示，否则摆件还是和主色调配合比较保险。

（6）乡村田园风格。

田园风格倡导"回归自然"，美学上推崇"自然美"，认为只有崇尚自然、结合自然，才能在当今高科技快节奏的社会生活中获取生理和心理的平衡。因此田园风格力求表现悠闲、舒畅、自然的田园生活情趣。在田园风格里，粗糙和破损是

图2-2-9 田园休闲混搭风格

允许的，因为只有那样才更接近自然。田园风格的用料崇尚自然，砖、陶、木、石、藤、竹……越自然越好。在织物质地的选择上多采用棉、麻等天然制品，其质感正好与乡村风格不饰雕琢的追求相契合，有时也在墙面挂一幅毛织壁挂，表现的主题多为乡村风景。不可遗漏的是，田园风格的居室还要通过绿化把居住空间变为"绿色空间"，如结合家具陈设等布置绿化，或者做重点装饰与边角装饰，还可沿窗布置，使植物融于居室，创造出自然、简朴、高雅的氛围。此时，邀三五好友，对月品茗，真有一番世外桃源的感觉（见图2-2-9）。

田园风格有很多种，有英式田园风格、美式乡村田园风格、中式田园风格、法式田园、南亚田园、美式田园风格，他们的特点可以归纳为以下几点：

1）英式田园。

英式田园家具多以奶白象牙白等白色为主，高档的桦木、楸木等做框架，配以高档的环保中纤板做内板，优雅的造型，细致的线条和高档油漆处理，都使得每一件产品像优雅成熟的中年女子含蓄温婉内敛而不张扬，散发着从容淡雅的生活气息，又宛若姑娘十八清纯脱俗的气质，无不让人心潮澎湃，浮想联翩。

2）美式乡村。

美式田园风格又称为美式乡村风格，属于自然风格的一支，倡导"回归自然"，在室内环境中力求表现悠闲、舒畅、自然的田园生活情趣，也常运用天然木、石、藤、竹等材质质朴的纹理。巧于设置室内绿化，创造自然、简朴、高雅的氛围（见图2-2-11）。

美式田园作为田园风格中的典型代表，因其自然朴实又不失高雅的气质备受人们推崇。在材料选择上多倾向于较硬、光挺、华丽的材质。餐厅基本上都与厨房相连，厨房的面积较大，操作方便、功能强大。在与餐厅相对的厨房的另一侧，一般都有一个不太大的便餐区，厨房的多功能还体现在家庭内部的人际交流多在这里进行，这两个区域会同起居室连成一个大区域，成为家庭生活的重心。

3）法式田园。

最明显的特征是家具的洗白处理及配色上的大胆鲜艳。洗白处理使家具流露出古典家具的隽永质感，黄色、红色、蓝色的色彩搭配，则反映丰沃、富足的大地景象。而椅脚被简化的卷曲弧线及精美的纹饰也是优雅生活的体现。

欧式田园风格，设计上讲求心灵的自然回归感，给人一种扑面而来的浓郁气息。把一些精细的后期配饰融入设计风格之中，充分体现设计师和业主所追求的一种安逸、舒适的生活氛围。这个客厅大量使用碎花图案的各种布艺和挂饰，欧式家具华丽的轮廓与精美的吊灯相得益彰。墙壁上也并不空寂，壁画和装饰的花瓶都使它增色不少。鲜花和绿色的植物也是很好的点缀（见图2-2-10）。

图2-2-10　欧式田园风格　　　　　　　　　　　　　图2-2-11　美式乡村风格

4）中式田园。

基调是丰收的金黄色，尽可能选用木、石、藤、竹、织物等天然材料装饰。软装饰上常有藤制品，有绿色盆栽、瓷器、陶器等摆设。

5）南亚田园。

家具风格显得粗犷，但平和而容易接近。材质多为柚木，光亮感强，也有椰壳、藤等材质的家具。做旧工艺多，并喜做雕花。色调以咖啡色为主。

（7）地中海风格。

文艺复兴前的西欧，家具艺术经过浩劫与长时期的萧条后，在9~11世纪又重新兴起，并形成自己独特的风格——地中海式风格。地中海风格的家具以其极具亲和力的田园风情及柔和的色调和组合搭配上的大气很快被地中海以外的大区域人群所接受。

地中海风格的美，包括"海"与"天"明亮的色彩、仿佛被水冲刷过后的白墙、薰衣草、玫瑰、茉莉的香气、路旁奔放的成片花田色彩、历史悠久的古建筑、土黄色与红褐色交织而成的强烈民族性色彩。地中海风格的基础是明亮、大胆、色彩丰富、简单、民族性、有明显特色。重现地中海风格不需要太大的技巧，而是保持简单的意念，捕捉光线、取材大自然，大胆而自由的运用色彩、样式。

在组合设计上注意空间搭配，地中海风格充分利用每一寸空间，且不显局促、不失大气，解放了开放式自由空间；集装饰与应用于一体，在柜门等组合搭配上避免琐碎，显得大方、自然，让人时时感受到地中海风格家具散发出的古老尊贵的田园气息和文化品位；其特有的罗马柱般的装饰线简洁明快，流露出古老的文明气息（见图2-2-12、图2-2-13）。

图 2-2-12 地中海风格

图 2-2-13 地中海风格

2.2.3.2 分析住宅室内的功能分区

住宅空间一般多为单层、别墅（双层或是三层）、公寓（双层或是错层）的空间结构。住宅室内设计就是根据不同的功能需求，采用众多的手法进行空间的再创造，使居室内部环境具有科学性、实用性、审美性，在视觉效果、比例尺度、层次美感、虚实关系、个性特征方面达到完美的结合，使业主在生理及心理上获得团聚、舒适、温馨、和睦的感受。现基于人的活动特征对住宅室内功能分区展开分析如下。

图 2-2-14 客厅

1. 起居室（见图 2-2-14）

起居室，俗称客厅，作为一个浏览报纸、社交聚会的轻松场所，是个用美观、大方的家具和装饰品来诠释时尚的地方。它在家庭生活中起着举足轻重的作用，是我们设计的重中之重。起居室的设计强调空间布置的敞亮大气，能够接纳足够的家庭成员和朋友，一体化的影像设备、舒适的沙发、轻巧的隔断和富有情趣的装饰品足可以映衬出主人对生活的诠释。

（1）起居室的风格与特征。

起居室风格特征应以客户的意愿为依据，设计师的作用就是将使用者的这种意愿进行提炼转化为现实。不论是中式、西式还是现代风格中的哪一种，都必须有正确的时空观，而绝不是生搬硬套的照抄某些传统元素。室内设计是生活方式的设计，任何一户的风格都不能完全相同，它总会附带生活其中的主人的气息。

（2）起居室的空间形状和平面功能布局。

起居室的空间形状主要由建筑设计的空间组织、空间形体的结构构件等因素决定的，设计师可以根据功能上的要求通过界面的处理和家具的摆放来进行改变。起居室是家庭的多功能场所，是一家人在非睡眠状态下的活动中心点，也是室内交通流线中与其他空间相联系的枢纽，家具的摆放方式影响到房间内的活动路线（见图 2-2-15）。

（3）起居室的装饰材料选择。

起居室的地面可用石材、陶瓷地砖、木地板或地毯铺设（仅铺设在沙发组合区域）；墙面可用乳胶漆、艺术墙纸、石膏板、木饰面板等进行装饰，可以搭配使用部分石材、玻璃或织物作为点缀。

起居室最重要的墙面便是电视背景墙，它是视觉的焦点，对于电视背景墙的具体设计、构造我们会在下一模块中具体讲解。

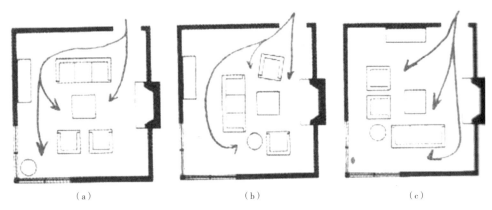

（a）　　　　　　　　　　　　　　（b）　　　　　　　　　　　　　　（c）

图 2-2-15　起居室的家具布置和交通流线

（a）这种安排方式很不方便，沙发挡住了人们的视线，尽管谈话具有私密性，但是行走很困难；（b）这里沙发安排得比（a）要略好，留出了走动的空间；（c）起居室应该方便人们随时的进出会客区，这种布局较好

2. 餐厅

餐厅作为群体生活区，主要功能体现在于用餐、和家庭成员间的交流。随着信息化社会的到来，现代都市生活节奏加快，人们忙碌奔波在上下班的车水马龙之间，工作的压力骤增，估计一家人团聚的时间也只有晚餐了。一份可口的饭菜、家庭的温馨在餐桌上恐怕是最淋漓尽致。如果有亲朋到来，餐厅也是向朋友展示主人好客、诉说主人家庭幸福最好的场所。因此餐厅的设计要多使用橙色、红色等给人带来食欲，更要注重空间温馨的氛围营造。

餐厅的开放式或封闭式程度在很大程度上是由住宅的面积和客户家庭的生活方式所决定。重要的一点是，餐厅要尽可能地靠近厨房，餐边柜的作用更多是作为装饰营造气氛和空间隔断。餐厅依据空间结构与其他空间的关系主要有四种组合：

（1）独立式餐厅（见图 2-2-16、图 2-2-17）。

图 2-2-16　餐厅

图 2-2-17　餐厅

（2）餐厅 + 起居室（见图 2-2-18）。

餐厅与起居室共存一个较大的空间，使得视觉和活动的空间得以增加，也可在两者中间设置屏风、活动门。

（3）餐厅 + 厨房（见图 2-2-19）。

在现代社会里，愈来愈多的公寓式小家庭或单身贵族采用这种看起来时髦、烹饪新鲜的方式，既精简室内空间，又别具一番情趣。

（4）餐厅 + 起居室 + 厨房。

这更是高节奏都市生活的产物，小型的居住空间，家庭成员的简单化、烹饪设备和餐饮习惯的改变，使以前较凌乱的厨房得以和居室中最体面的起居室和餐厅合并在同一空间成为现实。

图 2-2-18　餐厅 + 起居室

图 2-2-19　餐厅 + 厨房

图 2-2-20　主卧室

3. 卧室

早在孩提时代，我们就一直梦想什么时候拥有一个属于自己的房间——一个远离喧嚣、远离各种命令的小天地。长大之后，我们有时会与亲密的共享这一空间，但卧室仍旧是一个绝对私密、安静、彻底放松自己的个人领地。

（1）主卧室。

作为私密生活区，它主要功能是给劳碌一天的主人舒适的睡眠。这里有温情的灯光、悠扬的古典名曲、松软的床被伴随主人进入梦乡。如果空间足够的话，女主人可根据自己的喜好将梳妆台放置在内（见图 2-2-20 ~ 图 2-2-22）。

图 2-2-21　主卧室

图 2-2-22　主卧室

床是卧室最主要的家具，也是卧室的中心，床的安放位置的选择是卧室设计的第一考虑，其他家具都必须围绕床这一中心来安排。床的位置和整个卧室的流线有密切的联系，影响床的位置的最主要因素是窗的位置，因为光线会影响人的睡眠质量。

现在大部分主卧室都带有专用卫生间，设计时尽可能地在卫生间和床之间安排一个过渡空间，这不仅仅使卫生间与卧室之间有一个必要的过渡，也符合人们的生活起居习惯。

（2）子女房。

有小孩的年轻父母最大的愿望莫过于给自己的宝宝创造一个属于他们的小天地。孩子可以在这里开心的玩耍，父母和孩子们打成一片。儿童房的设计最重要的特点是要充满童趣的造型和亮丽的色彩，给孩子一个充满想象的空间。

一个孩子也可以拥有上下床，满足他们上下攀爬的需求（见图2-2-23）；而南瓜车样式的床可以圆小女孩们一个美丽的童话梦想（见图2-2-24）。

图 2-2-23　上下床儿童房

图 2-2-24　南瓜车儿童房

儿童房的功能大体由睡觉、学习、游戏三部分组成。主要家具为床、书桌、衣柜和玩具柜。根据年龄段家长们要尽可能选择趣味性和功能性强的家具以及无尖锐棱角的弧线家具。

入学后的子女随着年龄的增长，他们的房间则需要随着更改。能够有一处自己独立看书作业的空间是子女房的需求。床的样式和房间饰物则由儿时的趣味复杂性转变成简练的线条和个性化的搭配（见图2-2-25、图2-2-26）。

图 2-2-25　儿童房

图 2-2-26　儿童房

（3）客房。

和长辈一起生活的主人，可以将客房用作长辈房。长辈房的设置可选择距卫生间较近的客房，设计上着重在功能的实用性上，家具的布置尽可能的简洁，使空间宽敞，方便长辈的生活起居（见图2-2-27、图2-2-28）。

4. 厨房（见图2-2-29、图2-2-30）

大部分的家务劳动都是在厨房里进行，家庭成员几乎每天都使用厨房，同时厨房也是电气设备最集中的地方。要充分发挥厨房的功能，在设计上要考虑以下几个方面：

图 2-2-27 客房

图 2-2-28 客房

图 2-2-29 L 形厨房

图 2-2-30 岛形厨房

（1）厨房空间布局形式的选择。

厨房的空间布局形式一般分为封闭式和开放式两种。封闭式的优点是有其独立的空间，便于清洁，尤其是中国式烹饪中产生的油烟不会影响到其他空间。开放式的优点是形式活泼生动，有利于空间的节约和共享，适合以煎烤为主的烹饪作业。

（2）厨房的作业流程。

传统厨房的主要作用有三个：食物的储藏、食物的清理、食物的准备和烹饪。要使这一系列的工作顺利方便地进行和完成，我们需要结合厨房的具体结构进行工作流程的分析。如首先我们将买回的食物进行分类，将本次需要食用的食物放置在洗菜池边，另一部分则要储藏在冰箱里或其他地方；其次我们将摘好的食物进行清洗，并在操作台上将食物准备好；最后我们需要在将食物放置炊具里进行烹炒。

一般常用的厨房平面布置为"一字形"、"L 形"、"U 形"、"中央岛形"。

（3）设备选择。

厨房的主要设备是台面和柜橱，它们的好坏不仅关系到使用的方便与否，也关系到厨房的格调与特色。柜橱的设计应该充分考虑女主人对色彩、自感的需求，对于身材较矮小的主人我们还应该打造量身定做的橱柜尺寸，满足使用的舒适性。色彩亮丽的水晶面板、烤漆面板增加了主妇们劳作的轻松和趣味。

（4）装饰材料的选择。

厨房的墙面采用光洁的釉面砖，地面要采用防滑的地面砖、耐酸碱，利于清洗。

5. 卫生间（见图 2-2-31、图 2-2-32）

图 2-2-31　卫生间　　　　　　　　　　　　　图 2-2-32　卫生间

　　伴随着人们对高品质生活的追求，卫生间不再是人们为了生理需求而不得不去的地方，它愈来愈受到室内设计师和客户的重视。在这个空间里，人们的身心可以得到全面的放松。一首优美的歌曲，一个热水澡便可以洗去人们一身的疲劳。

　　住宅的卫浴也分为公用和专用。公用卫生间与走道相连，有家庭成员和客人共用；专用卫生间一般从属与主卧室，为男女主人服务。卫生间内主要的卫生器具包括面盆、便器、浴缸或淋浴器。为了方便使用，设计师常常将卫生间进行"干湿"分区。将洗面台等具有梳妆功能的器具与洗浴房分开设置，中间用隔断分隔。便器的位置要根据卫生间的面积大小来决定。如果卫生间太小，且又是公用卫生间，可将蹲便器与淋浴房设置在一起；如果卫生间面积足够，则可将坐便器与面台设置在同一区域。

6. 书房（见图 2-2-33、图 2-2-34）

图 2-2-33　书房　　　　　　　图 2-2-34　书房

　　这是一个静谧的地方，主人可以在这里随心所欲地把玩自己的收藏品，或是发展自己的爱好，画一幅意境深远的水彩，写一首小诗或是一篇心得随笔，都是很畅快的事情。

　　书房的设计要注重主人的个人喜好、职业特点。书柜和写字台的样式设计与布置是书房的中心，可根据书房空间的大小设计成独立式家具、组合式家具或是连体式家具。同时充分利用空间的采光效果布置写字台，满足主人阅读书写的要求。对有设计工作职业或绘图要求的主人，设计师可以安排落地灯和壁灯，为书房营造工作室环境。

7. 玄关、过道、楼梯

　　真正能够营造空间整体格调的是空间的入口，过道和空间里的楼梯，而不是人们使尽解数倾力修饰的起居室。造访一处住宅的第一印象就是从入口到过道处的布置情况。从这里，你可以大抵推断出房间的整体装修风格，你还能看出主人的审美水平、兴趣、爱好等。

　　这些空间往往狭窄、拐角众多而且形状不规则，因此这些细节空间的装饰设计尤为重要（见图 2-2-35 ~ 图 2-2-38）。

图 2-2-35　玄关

图 2-2-36　玄关

图 2-2-37　玄关

图 2-2-38　玄关

玄关作为住宅的小门厅除了给造访者留下深刻的第一印象外，更重要的具有换鞋，存放雨具、背包杂物和进行简单的梳妆等实用功能，同时它具有有效指引和控制人们出入住宅的途径及室内通道，是室内与室外主要的过渡空间。

设计师根据玄关具体的空间大小可设置独特造型的鞋柜或屏风隔断，让人不能直接看到住宅的主空间为佳。玄关的照明灯具应既有安全感又能营造气氛，也可以结合一些有趣的装饰，灯具不需要太耀眼，柔和的灯光更能符合空间的功能定位。

水平空间的通道——过道往往不被人重视。它可以完善室内空间的联系，使空间功能的过渡更加自然流畅（见图 2-2-39 ～图 2-2-41）。

图 2-2-39　简洁的过道将客厅、餐厅和其他房间自然的组合成完整体

图 2-2-40　过道的照片墙面增加了岁月的记忆　　图 2-2-41　过道的吊顶造型、色彩、材质与地面色彩、室内整体风格浑然一体

　　楼梯是联系上下空间的必要途径，在别墅和复式结构住宅中，对楼梯结构形式的处理关系到总体空间的视觉平衡和与之联系空间功能作用的发挥。楼梯是住宅中主要的立体空间，呈现住宅立体结构之美——从上到下延伸视觉的高度，由上而下扩展鸟瞰的视野。一些具有弧线曲度的楼梯，人们由上飘然而下，或是由下漫步而上，行动之间的动态为沉静的住宅环境带来特殊的动感之美（如图 2-2-42）。

图 2-2-42　旋转楼梯的轻盈和曲度给人带来乐曲节奏般的享受

　　除了美观以外如何利用楼梯下方的空间正是楼梯设计和处理最出彩的地方，是设计师运用专业知识和智慧的高度体现（如图 2-2-43 ~ 图 2-2-45）。

图 2-2-43　楼梯的下方安置装饰柜或者将电视背景墙与楼梯融为一体

图 2-2-44　利用楼梯的造型做一个实用的固定柜体，放置书籍、工艺品或是衣物

图 2-2-45　在楼梯下方利用植物设计一处意境深远的室内景观

　　在住宅空间中，原则上除了上下空间结构必须安装楼梯外，同一平层的空间在设计时应该去掉不必要的台阶，对行动不便的人来说，所有的高度差都是障碍。

（1）楼梯的坡度。

楼梯坡度的确定，应考虑到行走舒适、攀登效率和空间状态因素。梯段各级踏步前缘各点的连线称为坡度线。坡度线与水平面的夹角即为楼梯的坡度（这一夹角的正切称为楼梯的梯度即 h 与 b 的比）。

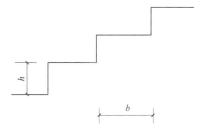

图 2-2-46　楼梯梯段的组成
h—踏步踢面高度；b—踏步踏面宽度

楼梯常见坡度范围为 20° ～ 45°，即 1/2.75 ～ 1/1，其中 30° 左右为最佳坡度。一般民用楼梯的宽度，单人通行的不小于 80cm，双人通行的不小于 100cm（见图 2-2-46 ～图 2-2-48）。

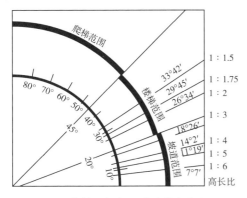

图 2-2-47　楼梯、坡道、爬坡的坡度范围

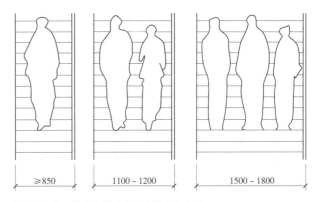

图 2-2-48　楼梯段宽度和人流股数的关系

（2）楼梯踏步尺寸。

楼梯梯段是由若干踏步组成，每个踏步由踏面和踢面组成。一般人的踏步尺寸为 h=150 ～ 180mm，b=230 ～ 260mm。当踏步尺寸较小时，可以采取加做踏口或使踢面倾斜的方式加宽踏面（见图 2-2-49）。

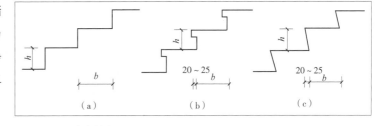

图 2-2-49　踏步尺寸
（a）踏步；（b）加做踏口；（c）踢面倾斜

（3）楼梯和平台扶手的设计（见图 2-2-50）。

一般室内扶手高度 900mm，托幼建筑（托儿所、幼儿园建筑）中扶手高度一般 600mm 设扶手，顶层平台的水平安全栏杆扶手高度一般不宜小于 1000mm，栏杆之间的水平距离不应大于 120mm，室外楼梯扶手高度不小于 1050mm。楼梯平台宽度大于或至少等于楼梯段的宽度。

（4）楼梯的净空高度（见图 2-2-51）。

楼梯的净空高度包括楼梯段的净高和平台过道处的净高。在平台过道处大于 2m。在楼梯段处应大于 2.2m。

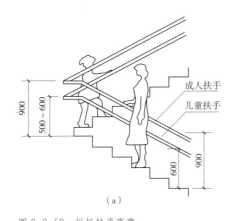

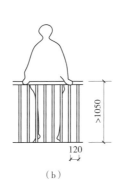

图 2-2-50　栏杆扶手高度
（a）梯段处；（b）顶层平台处安全栏杆

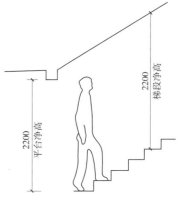

图 2-2-51　楼梯的净空高度

8. 阳台

阳台是建筑物对外交流的"眼睛",人们通过精心设计阳台,不仅能欣赏到优美的都市风光,又能领略到室外空间的自然温馨,同时也为城市增添艳丽的色彩。

（1）阳台的设计原则。

1）实用性原则：当阳台较小时,重视阳台远眺、晾晒的主要功能,切忌过分追求装饰表现,破坏阳台开阔的视野。

2）安全性原则：阳台的防风防水是值得重视的问题。阳台的窗安装要注意其牢固性和密封性;阳台地面要确保一定的坡度并留有地漏或排水口;另外窗台如有栽种植物,要保证花盆放置的稳固性。

3）健康性原则：阳台本来就是一个享受阳光和呼吸新鲜空气的绝妙场所。因此阳台设计的第一要务就是要保持阳台的充分通风光照,在选材方面要确保使用材料的环保性,绿色植物的选择也要适宜住宅环境。

（2）阳台的配饰要求。

阳台的地面根据客户的喜好和住宅风格使用艺术防滑地砖;植物的选择以观赏小巧的花卉植物为主,可增加生活的情趣。阳台由于长时间受到阳光的照晒,不适合设计较大的储藏柜。一张逍遥椅,一张矮几即可享受冬日午后的阳光（见图 2-2-52、图 2-2-53 ）。

图 2-2-52　阳台　　　　　　　　　　　　图 2-2-53　阳台

2.2.3.3　绘制住宅室内总平面图

（1）绘制功能分析图,也可称为气泡图。

任何一名设计师都要会绘制设计草图,这是后续设计工作的开始。我们将自己对空间的理解用线条的方式毫无拘束的记录下来。草图的表现可以分为概念性草图、分析性草图和观察性草图。在室内设计中,我们主要采用分析性草图。

分析性草图的主要内容包括对一个建筑、空间或构成要素的分析与解构,这些草图可以产生在设计过程的任何阶段。在项目的开始阶段,它们可以传达设计的意图,在之后的设计过程中,它们可以用来阐述与建筑体验有关的想法或建造的问题。分析性草图为我们提供了一种简化和明晰的思考方式,这种草图表现的技能将帮助我们阐明复杂的设计问题。

当设计师与客户沟通后,设计师已经明白客户的要求、测量了房间的尺寸之后,设计师可以采取"创意蛛网图"形式进行室内空间功能分析。先把家装要设计的主题作为核心,再把要设计的项目（如风格、造型、空间、照明、材料、色彩等）列为设计环境,然后再分别按门厅、客厅、饭厅等功能分区一直联想下去,想到一个设计内容就画一个圈,用直线把他们和主体连接。这样用联想的方法一直深入地扩展开去,形成如蜘蛛网的逻辑分析图（图 2-2-54）。这个方法使设计较为系统条理,有利于初入设计行业的设计者快速较准确地抓住各空间的功能联系,为后期的总平面的设计做好铺垫。

我们也可以利用平面结构图进行图解思维（见图 2-2-55 ~ 图 2-2-57）。

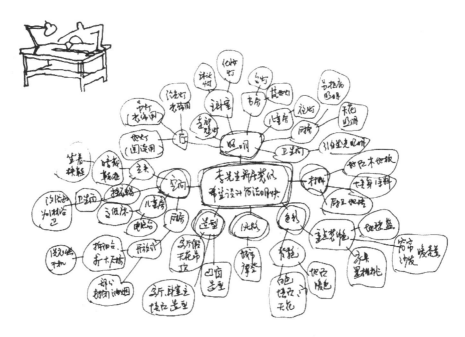

图 2-2-54　设计初的创意蛛网图

这是一个小面积住宅，业主是一个在家办公的自由职业者家庭。

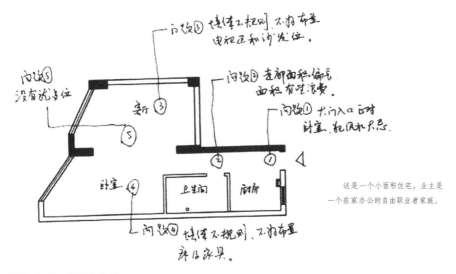

图 2-2-55　原始结构图

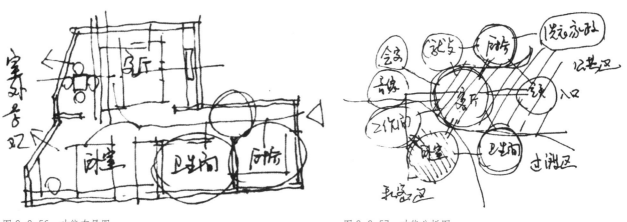

图 2-2-56　功能布局图

图 2-2-57　功能分析图

（2）绘制总平面草图。

根据功能分析图，我们鼓励设计者站在不同的角度做出不同设计草图，这个有利于设计者思维的成熟，也有益于设计的完善（见图2-2-58～图2-2-62）。

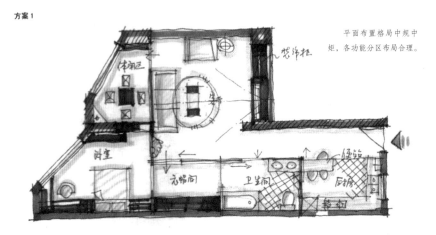

图 2-2-58　设计师根据户型结构进行的传统型设计

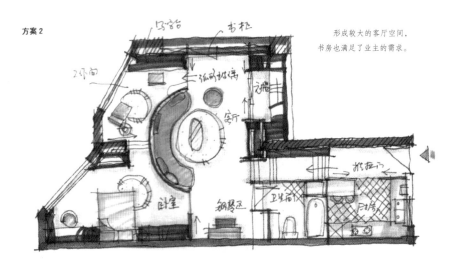

图 2-2-59　设计师根据在了解户型结构后，依照客户的需要较大客厅要求进行的设计，较前一种设计方案思维有所突破

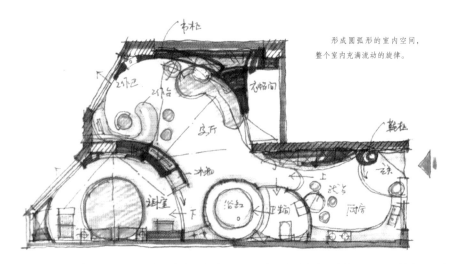

图 2-2-60　在上一种方案的基础上进一步利用弧线元素，完善方案，创意更大胆，整个空间充满流动的旋律

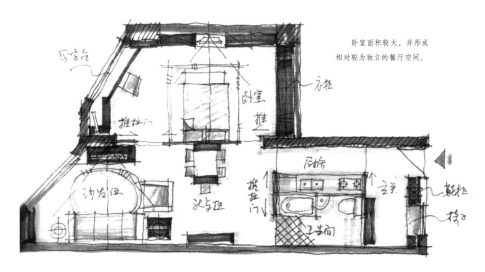

图 2-2-61　卧室与客厅的位置互换，有独立的餐厅，整个设计功能布局调整较大，设计具有创意性

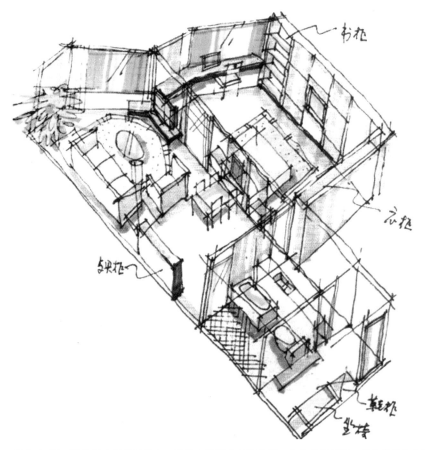

图 2-2-62　设计师在接单过程中，为了方便客户看懂方案，作徒手轴测图，使方案看上去更直观、生动

　　在这里值得强调的是，徒手表现技法在前期思维创意和草图设计时起到重要的作用，特别是与客户的洽谈中，好的方案表现图能够赢得客户对方案甚至是对设计师个人能力的欣赏。

　　（3）绘制总平面图。

　　在经过一系列的思想头脑风暴后，我们将设计思维成熟、功能完善的方案整理后，用徒手或是计算机辅助设计制作出总平面设计图（见图 2-2-63、图 2-2-64）。

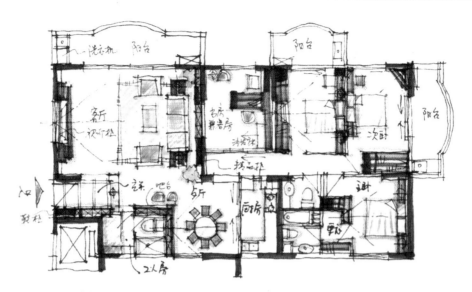

图 2-2-63　手绘总平面设计图

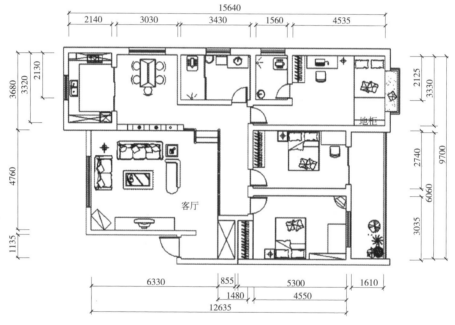

图 2-2-64　电脑辅助设计绘制总平面设计图

实训一　住宅空间户型的测量与绘制

1. 实训目的

（1）通过进行户型的测量与绘制，强化学生对各类住宅空间结构的了解，以及各种墙体的尺寸和空间尺度，对后期室内结构的改造做到心中有数。

（2）强化徒手绘制表达能力，做到心手合一。

（3）强化手绘测量图到 CAD 结构图的绘制过程。CAD 图强调数据的精确，往往学生不能将手绘测量图准确的绘制成 CAD 图，出现多处数据对不上，或是结构错位，因此这需要学生不断的练习。

2. 实训内容

选择几套不同房型（三室两厅、错层、复式楼等），将班级学生 2 人为一组进行现场量房，并将手绘的房型结构图转换成 CAD 结构图。

3. 实训要求

（1）户型结构绘制准确。

（2）每段墙体尺寸标注精确到毫米，特别要注重墙垛的尺寸。

（3）卫生间的高度下沉、下水管、地漏等位置标注精确。

（4）转换成的 CAD 结构图与原手绘图结构一直，误差控制在 10mm 以内。

（5）实训完成时间：6 课时。

实训二　平面图方案创意练习

1. 实训目的

（1）通过平面图方案的创意练习强化学生对空间结构的深入理解和运用空间完成功能分布。

（2）使学生深入理解和运用前面的各功能空间的设计原理。

（3）通过各角度思维的碰撞，学会功能分析图法，培养学生的创造力。

2. 实训内容

在实训一的基础上，让每组学生针对测量的户型进行总平面布局构思，并绘制出多种可行的构思草案，最后将最完善的方案绘制成 CAD 平面布局图。

3. 实训要求

（1）设计方案可行。

（2）住宅功能布局合理、完善，符合人体工程学要求。

（3）设计具有一定的创意。

（4）实训完成时间：6 课时。

模块 3 | 重点立面设计

课题3.1
立面设计的原则

● 学习目标

通过本课题的学习，掌握家居空间立面设计的基本原则和设计要点，了解立面设计形式和材料构造之间的联系，掌握不同设计风格下不同居室功能空间立面的设计方法。

● 学习任务

（1）家居空间重点立面设计的原则及设计要点。

（2）家居空间重点立面形式表现。

（3）家居空间重点立面材料与构造。

（4）家居空间重点立面的不同风格。

（5）家居主要功能空间立面设计。

● 任务分析

家居立面设计是家居界面设计中占比重最大的一部分，也是比较重要的一部分。立面的设计风格决定了立面设计所使用的方法、材料、构造及色彩，对设计成败起决定性的作用，在设计时一定要注意把握立面风格的选择与确定。材料与构造是表现立面形式的手段，而形式则是立面设计的核心。本课题通过研究立面形式与材料构造之间的关系，使学生能够运用不同的装饰材料来表现立面的形式，并且掌握家居空间中不同风格的设计手法及主要空间立面的设计方法。

3.1.1　立面设计的要点

3.1.1.1　立面设计的原则

（1）同一空间内的各立面处理必须在同种风格的统一下来进行，装饰、装修要与立面特定要求相协调，达到高度的、有机的统一。

（2）不同使用功能的空间，具有不同的空间性格和不同环境气氛要求。在室内空间环境的整体氛围上，立面设计要服从不同功能的室内空间的特定要求。

（3）立面与其他界面一样作为室内环境的背景，对室内空间、家具和陈设起到烘托、陪衬的作用，必须坚持以简洁明快，淡雅为主，切忌过分突出。

（4）充分利用材料质感。

（5）充分利用色彩的效果。

（6）利用照明及自然光影在创造室内气氛中起烘托作用。

（7）在建筑物理方面，如立面需要进行保温隔热、隔音、防火、防水等技术处理，主要是按照需要及条件来进行考虑和选择。

（8）构造施工上要简洁，经济合理。

3.1.1.2　立面设计的要点

1. 形状

形体是由面构成，面是由线构成。室内空间立面中的线，主要有直线、曲线、分隔线和由于表面凹凸变化而产生的线。这些线可以体现装饰的静态或动态，可以调整空间感，也可以反映装饰的精美程度。例如，密集的线是有极强的方向性的，横向的直线可以使空间显得更深远，有助于小空间增大空间感（见图3-1-1）；竖向的线条可以把人们的视线引向上方，增加空间的高度感（见图3-1-2）；曲线灵活多变，为立面增添了柔美表情（见图3-1-3）。

图3-1-1　横向直线使空间显得更深远（摘自网络）

图3-1-2　竖线增加空间的高度（摘自《台湾设计师不传的私房秘技——主墙设计500》，台湾麦浩斯《漂亮家居》编辑部编）

图3-1-3　曲线使墙面更加柔美（摘自《台湾设计师不传的私房秘技——主墙设计500》，台湾麦浩斯《漂亮家居》编辑部编）

室内空间中的立面具有各种不同的形状。不同形状的面会给人以不同的联想和感受。例如，棱角尖锐形的面，给人以强烈、刺激的感觉；圆滑形的面，给人以柔和活泼的感觉；扇形使人感到轻巧与华丽；梯形的面给人以坚固和质朴的感觉；正圆形的面中心明确，具有向心力和离心力等。正圆形和正方形属于中性形状，因此，设计者在创造具有个性的空间环境时，常常采用非中性的自由形状（见图3-1-4、图3-1-5）。

图3-1-4　带有趣味性的几何造型电视墙（摘自《台湾设计师不传的私房秘技——主墙设计500》，台湾麦浩斯《漂亮家居》编辑部编）

图3-1-5　异性墙面（摘自www.idchina.com.cn）

形体在室内空间立面上也较多出现。如墙面上的漏窗、景洞、挂画、壁画等采取什么样的轮廓，都涉及形与形之间的关系，以及形状的特征与性格。这里的形体可以从两个方面来理解：一方面是立面围成的空间；另一方面，则是立面的表面显示出来的凹凸和起伏。前者是空间的体形，后者则主要是指大的凹凸和起伏。

设计中的线、面、形，要统一考虑其综合效果。面与面相交所形成的交线，可能是直线、折线，也可能是曲线，这与相交的两个面的形状有关。

2. 图案

立面是有形有色的，这些形与色在很多情况下，又表现为各式各样的图案。室内环境能否统一协调而不呆板、富于变化而不混乱，都与图案的设计密切相关。色彩、质感基本相同的装饰，可以借助不同的图案使其富有变化；色彩、质感差别较大的装饰，可以借相同的图案使其相互协调。

（1）图案的作用。

1）图案可以利用人们的视觉来改善界面或配套设施的比例。一个正方形的墙面，用一组平行线装饰后，看起来可以像矩形，把相对的两个墙面全部这样处理后，平面为正方形的房间，看上去就会显得更深远（见图3-1-6）。

2）图案可以使空间赋予静感或动感。纵横交错的直线组成的网格图案，会使空间具有稳定感，斜线、折线、波浪线和其他方向性较强的图案，则会使空间富有运动感（见图3-1-7）。

3）图案还能使空间环境具有某种气氛和情趣。例如，装饰墙采用带有透视性线条的图案，与顶棚和地面连接，给人以浑然一体的感觉。

图3-1-6　平行线装饰是墙面产生收束感（摘自《台湾设计师不传的私房秘技——主墙设计500》，台湾麦浩斯《漂亮家居》编辑部编）

图3-1-7　墙面的不规则图形极富动感（摘自《台湾设计师不传的私房秘技——主墙设计500》，台湾麦浩斯《漂亮家居》编辑部编）

（2）图案的选择。

1）在选择图案时，应充分考虑空间的大小、形状、用途和性格。动感强的图案，最好用在入口、走道、楼梯和其他气氛轻松的公共空间，而不宜用于卧室、客厅或者其他气氛闲适的房间；过分抽象和变形较大的动植物图案，只能用于成人使用的空间，不宜用于儿童房间；儿童用房的图案，应该富有更多的趣味性，色彩可鲜艳明快些；成人用房的图案，则应慎用纯度过高的色彩，以使空间环境更加稳定而统一。

2）同一空间在选择图案时，宜少不宜多，通常不超过两个图案。如果选用3个或3个以上的图案，则应强调突出其中一个主要图案，减弱其余图案，否则，会造成视觉上的混乱。

3. 质感

在选择材料的质感时，应把握好以下几点：

（1）要使材料性格与空间性格相吻合。室内空间的性格决定了空间气氛，空间气氛的构成则与材料性格紧密相关。因此，在材料选用时，应注意使其性格与空间气氛相配合。例如，严肃性空间可以采用质地坚硬的花岗岩、大理石等石材；活跃性空间，则要采用光滑、明亮的金属材料和玻璃；休息性空间可以采用木材、织物、壁纸等舒适、温暖、柔软性的材料。

（2）要充分展示材料自身的内在美。天然材料巧夺天工，自身具备许多人无法模仿的美的要素，如图案、色彩、纹理等，因而在选用这些材料时，应注意识别和运用，应充分体现其个性美，如石材中的花岗岩、大理石；木材中的水曲柳、柚木、红木等，都具有天然的纹理和色彩。因此，在材料的选用上，并不意味着高档、高价便能出现好的效果；相反，只要能使材料各尽其用，即使花较少的费用，也可以获得较好的效果。

（3）要注意材料质感与距离、面积的关系。同种材料，当距离近或面积大小不同时，它给人们的感觉往往是不同的。光洁度好的表面的材质越近感受越强，越远感受越弱。例如，光亮的金属材料，用于面积较小的地方，尤其在作为镶边材料时，显得光彩夺目，但当大面积应用时，就容易给人以凹凸不平的感觉；毛石墙面近观很粗糙，远看则显得较平滑。因此，在设计中，应充分把握这些特点，并在大小尺度不同的空间中巧妙地运用。

（4）注意与使用要求相统一。对不同功能的使用空间，必须采用与之相适应的材料。例如，有隔声、吸声、防潮、防火、防尘、光照等不同要求的房间，应选用不同材质、不同性能的材料；对同一空间的不同立面，也应根据耐磨性、耐污性、光照柔等方面的不同要求而选用合适的材料。

（5）注意材料的经济性。选用材料必须考虑其经济性，且应以低价高效为目标。即使要装饰高档的空间，也要搭配好不同档次的材料，若全部采用高档材料，反而给人以浮华、艳俗之感。

3.1.2　立面设计形式

普通墙面的设计通常遵循艺术规律去设计，用比例、尺度、节奏、旋律、均衡等艺术手段去组合墙面。墙面的形式很多，设计者可以作为普通的围护结构考虑，还可以把它作为一个艺术品去设计，所以墙面设计形式很难归类，这里从内墙装饰的角度将墙面设计形式分成三类：传统式墙面、整体墙面、立体墙面。

3.1.2.1　传统式墙面

传统式墙面是在室内墙立面上做高度方向的三段设计，这种墙面设计手法可以追溯很久的历史，设计理念是以使用功能为出发点，完善建筑墙体的围护。同时经长期的比例构图的推敲，使得这种立面构图符合传统的构图原则。

传统式墙面是将立面自下而上分为三个部分：第一是踢脚和墙裙部分；第二是墙身部分；第三是顶棚与墙交角形成的棚角线部分。在有些设计中，没有设计墙裙或只设计了腰线，这些都是传统式的扩展形式。

传统式室内墙面的设计方法是室外古典三段式墙面设计的延续，符合严谨的传统建筑构图法则，下面可看成基座，上面有收口，符合大多数人的审美观点，既能满足简洁明快的设计风格，又能展示出富丽堂皇的另一面。所以这种设计形式广为设计者采用，设计作品经久不衰，为广大人民群众所接受（见图3-1-8）。

图3-1-8　传统式墙面设计（摘自网络）

3.1.2.2　整体墙面

这种墙是自下而上用一种或几种材料装饰而成的，整体墙面图案完整。这种墙面的特点是墙面风格统一，简洁明快，节奏感强。如果不设踢脚和阴角线，考虑到踢脚处易损坏的特点，在设计中选用材料时，要注意材料的质地要坚硬些，材料的分隔要均匀并有节奏变化。从选用元素的角度出发，可将整体墙面分为：以材料为主的墙面；以图案为主的墙面。

（1）材料为主的墙面。

在整体墙面的设计上采用一种材料来装饰完整墙面的做法。在设计上这一种材料为墙面的绝对重点，其他材料分量较小，可以忽略不计。此种墙面简洁、高雅，施工也比较方便（见图3-1-9）。

（2）图案为主的墙面。

在整体墙面的设计上采用几种材料，并组合成完整图案来装饰完整墙面的做法。在以图案为主的设计中，可选用几种不同材质或不同色彩的装饰材料，组成图案清晰、完整的整体墙面。这种墙面装饰性强、视觉感受明显（见图3-1-10）。

图 3-1-9　整体的木质墙面（摘自网络）　　　　图 3-1-10　图案为主的墙面（摘自网络）

整体墙面可供选择的材料较多，应用场合较广泛。如宾馆、商场、居室等空间均可局部或整体采用。

3.1.2.3　立体墙面

随着建筑装饰的不断发展，墙面作为人的视线首先感受的界面，受到了越来越多的人重视。设计者不满足旧有的墙面设计方式，在一些讲究气氛、渲染环境的空间中，立体墙面相继出现。这种墙面不在一个垂直面上，有时局部凸出墙面，有时局部凹入墙面，还有墙面做多层叠级处理，使墙面立体感强，且生动，有些还具有运动感，烘托气氛十分理想。以建筑墙体体积的走向分析，可将立体墙面分为：以凸为主的墙面；以凹为主的墙面；凸凹均有的墙面。

（1）以凸为主的墙面。

这种墙面是在原有建筑墙面的基础上附加一些带有体积感的装饰元素，形成突出墙面的立体效果。该墙面一般情况下不会破坏建筑墙体，施工也较为方便，但是凸出部分会占用部分室内空间，对于一些室内空间较小的墙面设计时要谨慎考虑。

（2）以凹为主的墙面。

这种墙面是在原有建筑墙面的基础上，经过附加墙面的重新装饰，形成凹入墙面的立体效果。这种墙面是利用凸出部分做装饰墙体，但视觉上只能看到装饰后的，以凹入为主的墙体。该墙体也会占用部分室内空间，不利于一些室内空间较小的使用，但装饰效果比较高雅，尤其形成的墙面各种光龛小空间，在灯光的照射下，将墙面装饰得非常有品位。

（3）凸凹均有的墙面。

以原墙面为基准平面通过附加墙面和凹入墙面，使墙面上的凸凹变化均为视觉中心的墙面设计手法。对于有些空间，需要灵活、前卫、动感的墙体界面设计，凸凹均有的墙面就是一种比较好的选择。这种墙面在灯光的照射下，光影变化丰富，墙面立体感很强。

立体墙面是要占用一定的室内面积，在小空间的房间内不宜采用。对于一些大空间，如大厅、歌厅、夜总会、舞厅、卡通剧场等娱乐、休闲场所则适合采用。

3.1.3　立面装饰材料与构造

3.1.3.1　抹灰类墙体饰面构造

（1）普通抹灰饰面构造。

内墙面普通抹灰一般采用混合砂浆抹灰、水泥砂浆抹灰、纸筋麻刀灰抹灰和石灰膏灰罩面。

对于室内有防潮要求的应用水泥砂浆抹灰，室内门窗洞口、内墙阳角、柱子四周等易损部位应用强度较高的1:2水泥砂浆抹出或预埋角钢做成护角，如图3-1-11所示。

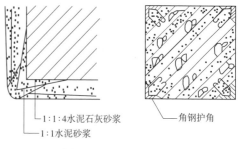

图3-1-11　墙和柱的护角

内墙面普通抹灰时，经常采用灰线（也称线脚），一般用于室内顶棚四周、方（圆）柱的上端、舞台口、灯光装饰的周围。

（2）装饰抹灰饰面构造。

1）拉毛、甩毛（洒毛）、搓毛饰面。

拉毛分为大拉毛和小拉毛两种，小拉毛掺入含水泥量5%～12%的石灰膏，大拉毛掺入含水泥量为20%～25%的石灰膏，再掺入适量砂子和纸筋，以防止龟裂。

甩毛（洒毛）饰面是将面层灰浆用工具甩（洒）在墙面上的一种饰面做法。其构造做法是用1:3水泥砂浆打底，表面刷水泥砂浆或色浆。中间层、面层厚度一般不超过13mm，然后采用带色的1:1水泥砂浆，用竹扫帚甩（洒）到带色的中层灰面上，应由上往下，有规律地进行。

搓毛饰面工艺简单，省工省料。搓毛饰面的底子灰用1:1:6水泥石灰砂浆，里面也同样用1:1:6水泥石灰砂浆，然后进行搓毛。

拉条抹灰饰面是利用刻有凸凹形状的专用工具，在普通抹灰面层上进行上下拉动而形成的。

2）聚合物水泥砂浆的喷涂、滚涂、弹涂饰面。

喷涂饰面是用挤压式喷泵或喷斗将聚合物水泥砂浆喷涂于墙体表面而形成的装饰层。

滚涂饰面是将聚合物水泥砂浆抹在墙体表面，用磙子滚出花纹，再喷罩甲基硅酸钠疏水剂而形成的装饰层。

弹涂饰面是将聚合物水泥砂浆刷在墙体表面，用弹涂器分几遍将不同颜色的聚合物水泥砂浆弹在已涂刷的涂层上，再喷罩甲基硅树脂或聚乙烯醇缩丁醛酒精溶液而形成的装饰层。

3）假面砖饰面。

假面砖饰面是采用掺氧化铁红、氧化铁黄等颜料的彩色水泥砂浆作面层，通过手工操作达到模拟面砖装饰效果的饰面做法。一般采用铁梳子或铁辊滚压刻纹，用铁钩子或铁皮刨子划沟。

4）假石饰面。

斩假石饰面和拉假石饰面均属于假石饰面。斩假石饰面，又称"剁斧石饰面"、"剁假石饰面"。一般是以水泥石渣浆作面层，待凝结硬化具有一定强度后，再用斧子及各种凿子等工具，在面层上剁斩出类似石材经雕琢的纹理效果的一种人造石料装饰方法。斩假石饰面分层构造做法如图3-1-12所示。

5）水刷石饰面。

水刷石饰面是先将掺有水刷石的石渣浆抹于墙面，待面层刚开始初凝时，先用软毛刷蘸水刷掉面层水泥浆使其露出石粒，接着用喷雾器将四周邻近部位喷湿，然后由上往下喷水，把表面的水泥浆冲掉，使石子外露约为粒径的1/2，再用小水壶由上往下冲洗，将石渣表面冲刷干净。其构造做法如图3-1-13所示。

6）干粘石饰面。

干粘石饰面在选料时一般用粒径约为 4mm 石渣。在使用前，石渣应用水冲洗干净，去掉尘土和粉屑。在粘结砂浆找平后，应立即撒石子。待粘结砂浆表面均匀粘满石渣后，再用拍子压平拍实，使石渣埋入粘结砂浆 1/2 以上。

喷粘石的主要特点是：用压缩空气带动喷斗喷射石渣代替手甩石渣，从而提高了工效，其装饰效果与手工粘石基本相同。

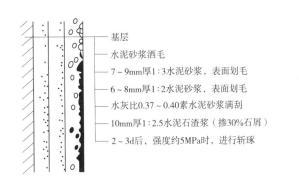

图 3-1-12 斩假石饰面分层构造示意

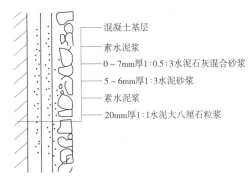

图 3-1-13 水刷石饰面分层构造

3.1.3.2 涂刷类墙面装饰构造

涂刷类饰面，是指将建筑涂料涂刷于构配件表面而形成牢固的膜层，从而起到保护、装饰墙面作用的一种装饰做法。

涂刷类饰面与其他种类饰面相比，具有工效高、工期短、材料用量少、自重轻、造价低等优点。涂刷类饰面的耐久性略差，但维修、更新很方便，且简单易行。

根据状态的不同，建筑涂料可划分为溶剂型涂料、水溶性涂料、乳液型涂料和粉末涂料等几类。

根据装饰质感的不同，建筑涂料可划分为薄质涂料、厚质涂料和复层涂料等几类。

根据装饰质感的不同，外墙涂料可以划分为薄涂料、厚涂料和复层涂料。

（1）刷浆饰面。

刷浆饰面，是将水质涂料喷刷在建筑物抹灰层或基体等表面上，用以保护墙体、美化建筑物的装饰层。

水质涂料的种类较多，适用于室内刷浆的有石灰浆、大白粉浆、可赛银浆、色粉浆等；适用于室外刷浆工程的有水泥避水色浆、油粉浆、聚合物水泥浆等。

（2）水泥避水色浆饰面。

水泥避水色浆，原名"憎水水泥浆"，是在白水泥中掺入消石灰粉、石膏、氯化钙等无机物作为保水和促凝剂，另外还掺入硬脂酸钙作为疏水剂，以减少涂层的吸水性，延缓其被污染的进程。

这种涂料的质量配合比是：32.5 级白水泥：消石灰粉：氯化钙：石膏：硬脂酸钙 =100：20：5：（0.5 ~ 1）：1。

（3）聚合物水泥浆饰面。

聚合物水泥浆的主要组成成分为水泥、高分子材料、分散剂、憎水剂和颜料。这种涂料只适用于一般等级工程的檐口、窗套、凹阳台墙面等水泥砂浆面上的局部装饰。

（4）石灰浆饰面。

石灰浆是由熟石灰（消石灰）加水调和而成的。在调制石灰浆涂料时，必须事先将生石灰块在水中充分浸泡。

石灰浆涂料也可用作外墙面的粉刷，比较简单的方法是掺入一定量的颜料，混合均匀后即可使用。

石灰浆涂料耐水性较差，它的涂层表面孔隙率高，很容易吸入带有尘埃的雨水，形成污点，所以用作外墙饰面时，耐久性也较差。

（5）大白粉浆饰面。

大白粉浆是以大白粉、胶结料为原料，用水调和、混合均匀而成的涂料。大白粉浆，简称"大白浆"，以前常用的胶结料是以龙须菜、石花菜等煮熬而得的菜胶及火碱面胶。大白浆经常需要配成色浆使用，应注意所用的颜料要有好的耐碱性及耐光性。大白浆的盖底能力较高，涂层外观较石灰浆细腻洁白，而且货源充足、价格很低，操作使用和维修更新都比较方便。

（6）可赛银浆饰面。

可赛银是以碳酸钙、滑石粉等为填料，以酪素为粘结料，掺入颜料混合而成的粉末状材料，也称"酪素涂料"。使用时，先用温水隔夜将粉末充分浸泡，然后再用水调至施工稠度即可使用。可赛银浆与大白浆相比较，其优点在于它是在生产过程中经磨细、混合的，有很好的细度和均匀性 。它与基层的粘结力强，耐碱与耐磨性也较好。

图 3-1-14　釉面砖饰面（摘自网络）

3.1.3.3　帖面类墙面装饰构造

1．直接镶贴饰面基本构造

直接镶贴饰面构造比较简单，大体上由底层砂浆、粘结层砂浆和块状贴面材料面层组成，底层砂浆具有使饰面与基层之间粘附和找平的双层作用，粘结层砂浆的作用是与底层形成良好的整体，并将贴面材料粘附在墙体上。常见的直接镶贴饰面材料有陶瓷制品，如面砖、瓷砖、陶瓷锦砖等。

（1）釉面砖（瓷砖）饰面（见图 3-1-14）。

它是用瓷土或优质陶土烧制成的饰面材料。瓷砖颜色稳定、经久不变，其表面光滑、美观、吸水率低，多用于室内需要经常擦洗的墙面。瓷砖饰面的底灰为 12mm 厚 1∶3 水泥砂浆。瓷砖的粘贴方法有两种：一种是软贴法，即用 5 ~ 8mm 厚的 1∶0.1∶2.5 的水泥石灰砂浆作结合层粘贴。另一种是硬贴法，即在贴面水泥浆中加入适量建筑胶，一般只需 2 ~ 3mm 厚。

（2）陶瓷锦砖与玻璃锦砖饰面。

陶瓷锦砖又名马赛克，是以优质瓷土烧制而成的小块瓷砖。陶瓷锦砖分挂釉和不挂釉两种，有各种各样的颜色，具有色泽稳定、耐污染、面层薄、自重轻的特点，主要用于地面和墙面的装饰。

玻璃锦砖又称玻璃马赛克或玻璃纸皮砖，是由各种颜色玻璃掺入其他原料经高温熔融后压延制成的小块，并按不同图案贴于皮纸上。它主要用于外墙面，色泽较为丰富，排列的图案可以多种多样。

陶瓷锦砖和玻璃锦砖的粘贴方法基本相同。用 12mm 厚的 1∶3 水泥砂浆打底，用 3mm 厚的 1∶1∶2 纸筋石灰膏水泥混合灰作粘结层铺贴，待粘结层开始凝固，洗去皮纸，最后用水泥浆擦缝，为避免脱落，一般不宜在冬季施工，如图 3-1-15 所示。

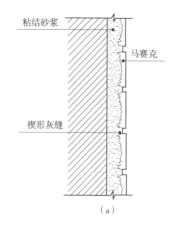

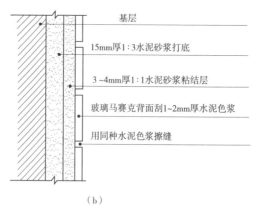

（a）　　　　　　　　（b）

图 3-1-15　马赛克饰面构造
（a）粘结状况；（b）构造示意

（3）琉璃饰面。

琉璃构件根据尺度不同，可分为小型、大中型等类。

1）小型琉璃构件，当琉璃构件长、宽度为 100 ~ 150mm，厚度为 10 ~ 20mm 时，称为小型构件。

2）大、中型琉璃构件，琉璃构件的长、宽度在 300mm 以上的称为大中型琉璃构件。

2. 贴挂类饰面基本构造

贴挂类饰面是采用一定的构造连接措施，以加强饰面块材与基层的连接，与直接镶贴饰面有一定区别。常见的贴挂类饰面材料有天然石材（如花岗岩、大理石等）和预制块（如预制水磨石板、人造石材等）。

（1）天然石材饰面。

天然石材是将大理石、花岗岩加工成各种板材，而用于室内外墙面的装饰，它们具有强度高、结构致密和色泽雅致等优点。

1）大理石饰面。大理石饰面板材的安装方法有挂贴法（钢筋固定法）（见图 3-1-16）、木楔固定法（见图 3-1-17）等。

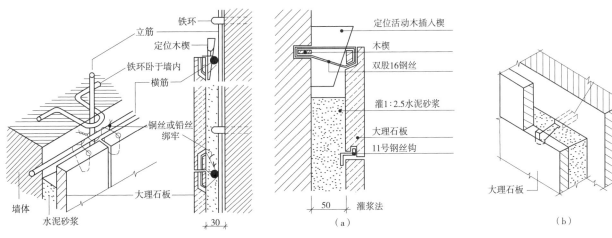

图 3-1-16　大理石挂贴法（摘自网络）　　　　图 3-1-17　大理石木楔固定法（摘自网络）

2）花岗石饰面。根据加工方法及形成的装饰质感不同，可将花岗石饰面板分为 4 种：剁斧板材、机刨板材、粗磨板材、磨光板材。

（2）预制板块材饰面。

常用的预制板块材主要有水磨石、水刷石、斩假石、人造大理石等。它们要经过分块设计、制模型、浇捣制品、表面加工等步骤制成预制板。块材的固定则同花岗石饰面构造（见图 3-1-18）。

3.1.3.4 裱糊类墙面

裱糊类饰面是指用墙纸墙布、丝绒锦缎、微薄木等材料，通过裱糊方式覆盖在外表面作为饰面层的墙面。

裱糊类装饰一般只用于室内，可以是室内墙面、顶棚或其他构配件表面。裱糊类墙面装饰有施工方便、装饰效果好、多功能性、维护保养方便

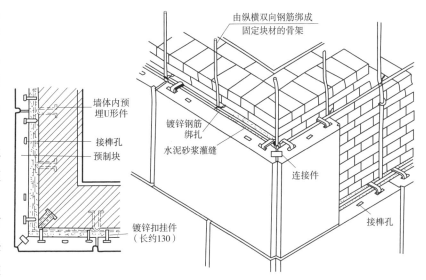

图 3-1-18　预制板材墙面构造示意图（摘自网络）

71

等特点。裱糊类饰面材料，通常可分为墙纸墙布饰面、丝绒锦缎饰面和微薄木饰面三大类。

1. 墙纸墙布饰面

（1）墙纸饰面。

墙纸的种类较多，主要有普通墙纸、塑料墙纸（PVC 墙纸）、复合纸质墙纸、纺织纤维墙纸、彩色砂粒墙纸、风景墙纸等。用纸作基层易于保持墙纸的透气性，对裱糊胶的材性要求不高。

（2）墙布饰面。

1）玻璃纤维墙布。玻璃纤维墙布是以中间玻璃纤维作为基材，表面涂以耐磨树脂，经染色、印花等工艺制成的一种墙布；

2）无纺墙布。无纺墙布是采用棉、麻等天然纤维或涤纶、腈纶等合成纤维，经过无纺成型、上树脂、印制彩色花纹而成的一种新型高级饰面材料。

2. 丝绒锦缎饰面

丝绒和锦缎墙布的特点是绚丽多彩、典雅精致、质感温暖、色泽自然逼真。在基层处理中必须注重防潮。一般做法是：在墙面基层上用水泥砂浆找平后刷冷底子油，再做一毡二油防潮层。然后立木龙骨，木龙骨断面为 50mm×50mm，骨架纵横双向间距为 450mm，胶合板直接钉在木龙骨上，最后在胶合板上用 107 胶、墙纸胶等裱贴丝绒、锦缎。其构造示意如图 3-1-19 所示。

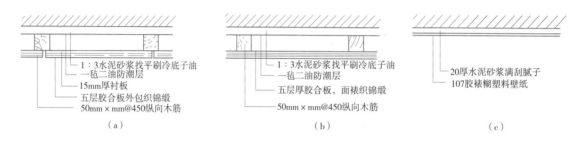

图 3-1-19　糊类饰面构造
（a）分块式织锦缎；（b）锦缎；（c）塑料墙纸或墙布（摘自网络）

3. 微薄木饰面

微薄木是由天然名贵木材经机械旋切加工而成的薄木片，厚度只有 1mm。它具有护壁板的效果，而只有墙纸的价格。而且厚薄均匀、木纹清晰、材质优良，保持了天然木材的真实质感。微薄木饰面构造与裱贴墙纸相似。薄木在粘贴前应用清水喷洒，然后晾至九成干，待受潮卷曲的微薄木基本展开后方可粘贴。

3.1.3.5　镶板类墙面装饰的构造

镶板类墙面，是指用竹、木及其制品、人造革、有机玻璃等材料制成的各类饰面板，利用墙体或结构主体上固定的龙骨骨架形成的结构层，通过镶、钉、拼、贴等构造手法构成的墙面饰面。这些材料往往有较好的接触感和可加工性，所以大量地被建筑装饰所采用。

1. 竹、木及其制品饰面

竹、木及其制品可用于室内墙面饰面，经常被做成护壁或用于其他有特殊要求的部位。有的纹理色泽丰富，手感好；有的表面粗糙，质感强，如甘蔗糖板等具有一定的吸声性能；有的光洁、坚硬、组织细密，具有一定的意义、独特的风格和浓郁的地方色彩。竹、木及其制品饰面构造方法基本相似。

（1）木、竹条板饰面一般构造。

用木条、木板制品做墙体饰面，可做成木护墙或木墙裙（1～1.8m）或一直到顶。

1）预埋防腐木砖，固定木骨架。骨架与墙面的固定方法如图 3-1-20 所示。

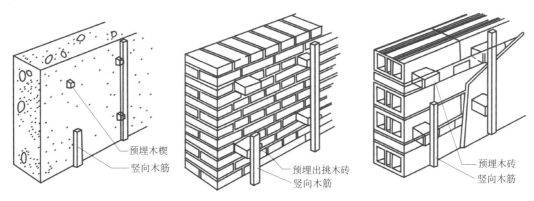

图 3-1-20   骨架与墙面的固定方法（摘自网络）

2）骨架层技术处理。为了防止墙体的潮气使面板变形，应采取防潮构造措施。

3）面板固定。将木面板用钉子钉在木骨架上，也可以胶粘加钉接，或用螺丝直接固定。木条、竹饰面构造如图 3-1-21 所示。

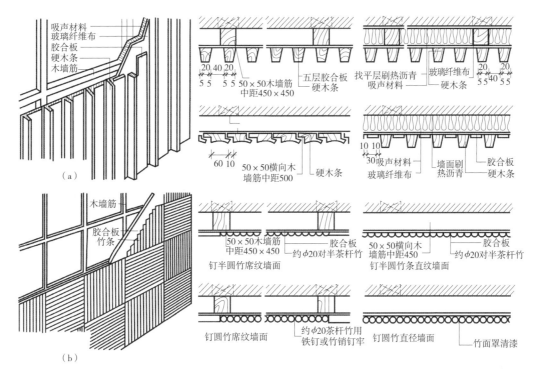

图 3-1-21   木条、竹条饰面构造
（a）木条墙面；（b）竹条墙面（摘自网络）

（2）木、竹条板饰面细部构造处理。

以木护墙、木墙裙为例来说明木、竹条板饰面细部构造。

1）板与板的拼接，按拼缝的处理方法，可分为平缝、高低缝、压条、密缝、离缝等方式。

2）踢脚板的处理也是多种多样的，主要有外凸式与内凹两种处理。当护墙板与墙之间距离较大时，一般宜采用内凹式处理，而且踢脚板与地面之间宜平接。

3）在护墙板与顶棚交接处的收口以及木墙裙的上端，一般宜作压顶或压条处理。

4）阴角和阳角的拐角处理，可采用对接、斜口对接、企口对接、填块等方法。

2. 皮革及人造革饰面

皮革或人造革墙饰面具有质地柔软、保温性能好、能消声减振、易于清洁等特点。皮革或人造革饰面构造与木护

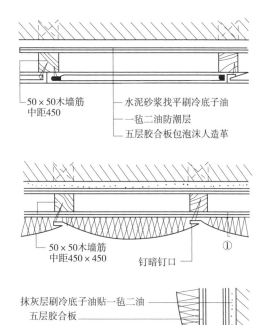

图 3-1-22 皮革或人造革饰面构造（摘自网络）

墙的构造方法相似，墙面应先进行防潮处理，先抹防潮砂浆、粘贴油毡，然后再通过预埋木砖立墙筋，钉胶合板衬底，墙筋间距按皮革面分块，用钉子将皮革按设计要求固定在木筋上。铺贴固定皮革的方法有两种：一是采用暗钉口将其钉在墙筋上，最后用电化铝帽头钉按划分的分格尺寸在每一分块的四角钉入即可；二是小木装饰线条沿分格线位置固定，或者先用小木条固定，再在小木条表面包裹不锈钢之类金属装饰线条。皮革或人造革饰面构造如图 3-1-22 所示。

3. 玻璃墙面

玻璃墙面是选用普通平板玻璃或特制的彩色玻璃、压花玻璃、磨砂玻璃等作墙面。玻璃墙面光滑易清洁，用于室内可以起到活跃气氛、扩大空间等作用；用于室外可结合不锈钢、铝合金等作门头等处的装饰。

玻璃墙面的构造方法是：首先在墙基层上设置一层隔汽防潮层，按采用的玻璃尺寸立木筋，纵横成框格，木筋上做好材板。固定的方法有两种：一种是在玻璃上钻孔，用螺钉直接钉在木筋上；另一种是用嵌钉或盖缝钉将玻璃卡住，盖缝条可选用硬木、塑料、金属（如不锈钢、铜、铝合金）等材料。其构造方法如图 3-1-23 所示。

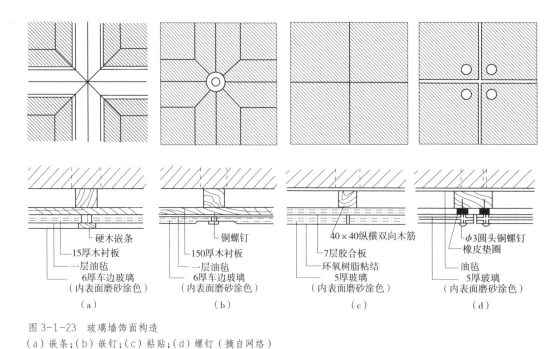

图 3-1-23 玻璃墙饰面构造
（a）嵌条；（b）嵌钉；（c）粘贴；（d）螺钉（摘自网络）

3.1.4 案例分析

立面的装饰设计要根据美学原理、设计风格，对任何可用材料进行创意发挥，但应注意各个立面风格用材的统一。下面为根据安泰大厦实际案例的立面图分析，设计者为戴素芬（见图 3-1-24 ~ 图 3-1-39）。

（1）玄关立面。

玄关立面的主要设计物件是鞋柜以及正对门口的墙体或隔断面的设计。

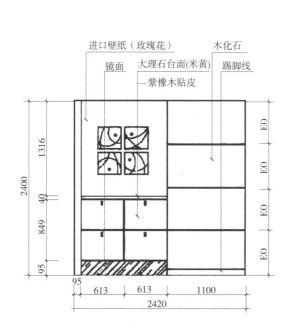

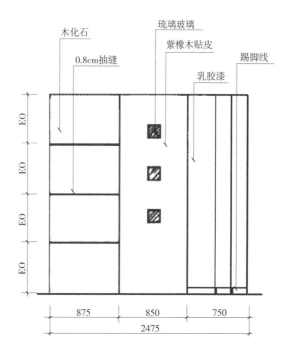

图 3-1-24　门厅立面图　　　　　　　　　　图 3-1-25　餐厅立面图

图 3-1-26　对应的实景效果（安泰大厦实际案例／设计者戴素芬）

（2）餐厅立面。

餐桌背景立面要与地面、吊顶做统一处理。

（3）厨房立面。

厨房立面可交由专业的橱柜公司处理。

（4）起居室立面。

起居室立面是立面设计的重点，一般有 3 个面，设计时除处理好每个立面的效果外，还要注意 3 个面的主次关系。电视机背景立面要重点装饰，特别注意装饰照明效果的处理；沙发背景立面与电视机背景立面遥相呼应，可以选取电视机背景立面的某一设计元素简洁处理；落地窗墙面只设置窗帘，要限定好颜色和风格，最好与业主一起挑选。

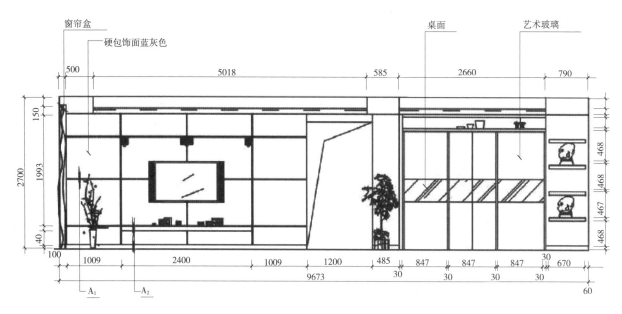

图 3-1-27 客厅立面图

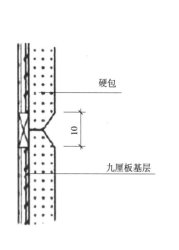
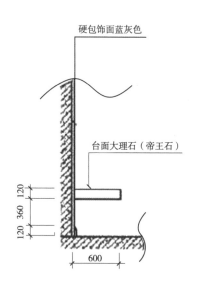

图 3-1-28 客厅剖面图

图 3-1-29 对应的实景效果（安泰大厦实际案例/设计者戴素芬）

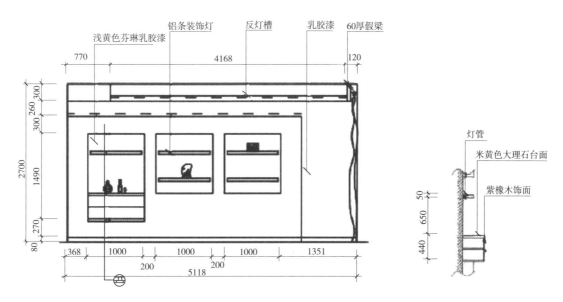

图 3-1-30　客厅立面图

（5）卧室立面。

主卧立面也是立面设计的比较重要的部分，一般有 4 个面，包括电视机背景立面，双人床背景立面、落地窗所在立面，还有衣柜所在立面。设计时除处理好每个立面的效果外，还要注意 4 个面的主次关系。电视机背景立面要重点装饰，特别注意装饰照明效果的处理；双人床背景立面与电视机背景立面遥相呼应，可以选取电视机背景立面的某一设计元素简洁处理；落地窗立面的窗帘和衣柜所在立面的衣柜门设计，也要协调统一。

图 3-1-31　对应的实景效果（安泰大厦实际案例 / 设计者戴素芬）

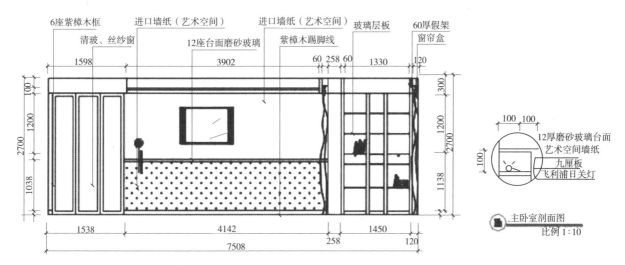

图 3-1-32　主卧立面图

子女房立面的设计方式与主卧相同，要根据子女的年龄、性别、爱好，确定风格、立面材料和色彩。

图 3-1-33 对应的实景效果（安泰大厦实际案例／设计者戴素芬）

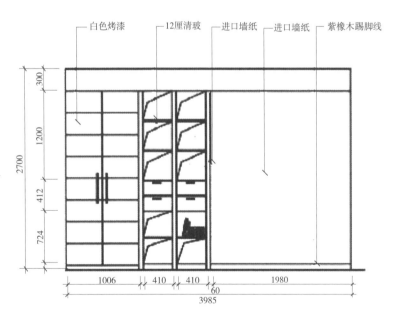

白色烤漆　12厘清玻　进口墙纸　进口墙纸　紫橡木踢脚线

图 3-1-34 子女房立面图

图 3-1-35 对应的实景效果
（安泰大厦实际案例／设计者戴素芬）

（6）储藏柜、衣柜立面。

储藏柜、衣柜立面要根据人体工程学和业主生活习惯，进行编排。尽可能地利用空间，将生活用品进行合理的收纳。

（7）卫生间立面。

卫生间立面要进行防潮、防水处理，再贴设墙面砖。

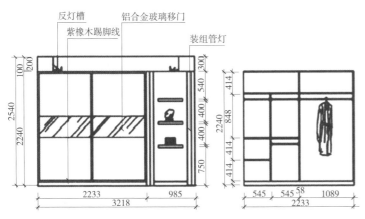

图 3-1-36 储藏柜立面图

图 3-1-37 对应的实景效果（安泰大厦实际案例 / 设计者戴素芬）

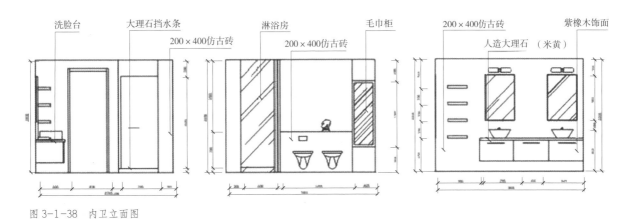

图 3-1-38 内卫立面图

图 3-1-39 对应的实景效果（安泰大厦实际案例 / 设计者戴素芬）

实训一　起居室重点立面+家具设计

1. 实训概述

起居室的墙面是起居室装饰中的重点部位，因为它面积大，位置重要，是视线集中的地方，对整个室内风格、式样及色调起着决定性作用，它的风格也就是这个整个室内的风格。因此对起居室墙面的装饰是很重要的方面。

对起居室墙面的装饰最重要的是从使用者的兴趣、爱好出发，发挥个人的聪明才智，体现不同家庭的风格特点与个性，这样才能装饰成有个性、多姿多彩的起居室空间。应从整体出发，综合考虑室内空间、门、窗位置以及光线的配置，色彩

图 3-1-40

的搭配和处理等诸多因素。同时还要注意不同设计风格下的主墙设计方法。注意起居室墙面和整个室内装饰、家具布置的背景应融合为一个整体，不能过度装饰，采用明亮的色调可使空间明亮开阔。现代住宅提倡"重装饰，轻装修"的设计理念，可以用壁画、艺术品来加以美化，也能取得丰富的视觉效果（见图 3-1-40）。

起居室家具应根据室内的活动和功能性质来布置，其中最基本的，也是最低限度的要求是设计包括茶几在内的一组休息、谈话使用的座位（一般为沙发），以及相应的诸如电视、音响、书报、音视资料、饮料及用具等设备用品，其他要求就要根据起居室的单一或复杂程度，增添相应家具设备。多功能组合家具，能存放多种多样的物品，常为起居所采用，整个起居室的家具布置应做到简洁大方，突出以谈话区为中心的重点，排除与起居无关的一切家具，这样才能体现起居室的特点。

2. 实训目的

（1）通过具体的实训练习，加深对居室空间起居室主要立面及家具设计的内容、要求与设计步骤的理解与掌握。

（2）以严谨的科学态度和正确的设计思想完成设计，培养独立设计能力，为今后从事室内设计工作打下良好的基础。

3. 实训要求

（1）要求有较熟练的手绘能力和运用 AutoCAD、电脑效果图等电脑绘图软件进行设计的能力，能以多种形式表达设计意图和表现设计效果。

（2）要求掌握起居室立面的施工环节及步骤，能正确处理施工中遇到的问题及培养与人沟通的能力。

（3）要求掌握起居室主要家具的选购及布置原则，并要求所选家具要与室内风格相统一。

4. 实训场所及实训设备要求

设计室、图书馆、资料室、机房、PC 机、扫描仪、打印机及相关材料与设备、模型制作材料与工具。

5. 实训任务

（1）实施方式。

学生 6 人一组，相互协作、交流、评价、学习，小组成员各自独立完整的设计内容。

（2）完成内容。

1）图纸内容：给定户型中起居室所有立面。

2）文件型号：A4 纸。

3）表现方式：手绘或电脑制作不限。

4）完成时间：约 7 天。

实训二　餐厅重点立面+家具设计

1. 实训概述

餐桌和餐椅是餐厅的主角，餐桌边上放置餐边柜和墙上挂主题艺术品是惯常的手法。如果是欧式的设计风格，可以考虑设置壁炉，以增加温馨的气氛。餐桌的大小应根据家庭日常进餐人数来确定，同时应考虑宴请亲友的需要。在面积不足的情况下，可采用折叠式的餐桌进行布置，以增强在使用上的机动性；为节约占地面积，餐桌椅本身应采用小尺度设计。根据餐室或用餐区位的空间大小与形状以及家庭的用餐习惯，选择适合的家具。

在墙面上挂装饰画或制作艺术壁龛，对于面积小的餐厅空间可以在墙面上整体或局部安装镜面玻璃以增大视觉空间效果（见图 3-1-41）。

对于凸显个性的餐厅还可以在墙面的材质上考虑，利用不同肌理、质地的变化形成对比效果。如天然的木纹体现自然原始的气息，金属与皮革的搭配强调时尚的现代感，拉毛的或带规则纹理的水泥墙面表达出朴素的情感。只要富有创意，装饰的手法可以不限。墙面在齐腰位置要考虑用耐碰撞、耐磨损的材料，如选择一些木饰、墙砖来做局部装饰、护墙处理。

图 3-1-41

2. 实训目的

（1）通过实训，掌握依据客户的要求，融入设计师的理念进行设计作品创作的方法。

（2）掌握餐厅立面图的多种设计表现的方法及规范的绘制立面工程施工图的方法。

（3）掌握餐厅立面设计风格、立面色彩与立面常用装饰材料的选择方法。

3. 实训要求

（1）要求有较熟练的手绘能力和运用 AutoCAD、电脑效果图等电脑绘图软件进行设计的能力，能以多种形式表达设计意图和表现设计效果。

（2）培养与客户交流沟通的能力及与项目组同事的团队协作精神。

（3）在训练中发现问题及时咨询实训指导老师，与指导老师进行交流。

（4）训练过程中注重自我总结与评价，以严谨的工作作风对待实训。

4. 实训场所及实训设备要求

设计室、图书馆、资料室、机房、PC 机、扫描仪、打印机及相关材料与设备、模型制作材料与工具。

5. 辅导要求

（1）以项目组为单元组织实训，组建项目组时注重学生自身专业能力优势的搭配。

（2）项目设计及制作过程中注重集体辅导与个体辅导相结合。

（3）在实训指导过程中除了共性问题的解决与分析外，还应该注重发挥学生的特长，突出个人的创作特点和风格。

（4）针对学生的制作流程和方法，作品的内容与项目要求等方面分阶段进行点评。

6. 实训任务

（1）实施方式。

学生 6 人一组，相互协作、交流、评价、学习，根据教师给定的户型图进行餐厅立面设计。

（2）完成内容。

1）图纸内容：给定户型中餐厅所有立面，需明确表达出设施、配饰、材料等设计内容（见图 3-1-42）（出图比例自定）。

2）文件型号：A4 纸。

3）表现方式：手绘或电脑制作不限，注意排版。

4）完成时间：约 7 天。

图 3-1-42

实训三　卧室重点立面+家具设计

1. 实训概述

墙壁约有 1/3 的面积被家具所遮挡，而人的视觉除床头上部的空间外，主要集中于室内的家具上。因此墙壁的装饰宜简单些，床头上部的主体空间可设计一些有个性化的装饰品，选材宜配合整体色调，烘托卧室气氛。

市场上可供用于卧室墙面装饰的材料很多，有内墙涂料、PVC 墙纸以及玻璃纤维墙纸等，其共同特点是：耐水、耐腐蚀，花色品种多，装饰效果好。在选择上，首先应考虑与房间色调及与家具是否协调的问题。卧室的色调应以宁静、和谐为主旋律，面积较大的卧室，选择墙面装饰材料的范围比较广；而面积较小的卧室，小花、偏暖色调、浅淡的图案较为适宜。在选择卧室墙面的装饰材料时，应充分考虑到房间的大小、光线、家具的式样与色调等因素，使所选的装饰材料在花色、图案上与室内的环境和格调相协调。材料的色彩宜淡雅一些，太浓的色彩一般难以取得较满意的装饰效果，选用时应予以注意（见图 3-1-43）。

图 3-1-43

卧室家具主要包括床、床头柜、梳妆台和衣柜等。要根据业主的个人爱好、修养等方面挑选。对于大卧室来说，可以选择成套的家具，这样用起来得心应手。但在小卧室里，可不必专门购置衣柜，把衣柜和墙面进行一体设计，这种顶天立地的壁柜有效地利用了空间，起到很强的收纳作用。

2. 实训目的

（1）掌握对家庭成员的基本情况和卧室的实际情况分析方法。

（2）掌握餐厅立面设计风格、立面色彩与立面常用装饰材料的选择方法。

（3）掌握依据客户的要求，融入设计师的理念进行设计作品创作的方法。

（4）掌握卧室立面图的多种表达方法及规范制图的方法。

3. 实训要求

（1）要求有较熟练的手绘能力和运用 AutoCAD、电脑效果图等电脑绘图软件进行设计的能力，能以多种形式表达设计意图和表现设计效果。

（2）了解卧室立面的设计的程序，掌握卧室立面的设计原则和理念。

（3）设计中注重发挥自主创新意识。

（4）培养与客户交流沟通的能力及与项目组同事的团队协作精神。

4. 实训场所及实训设备要求

设计室、图书馆、资料室、机房、PC 机、扫描仪、打印机及相关材料与设备、模型制作材料与工具。

5. 实训任务

（1）实施方式。

学生 6 人一组，相互协作、交流、评价、学习，根据教师给定的户型图进行餐厅立面设计。

（2）完成内容。

1）图纸内容：给定户型中各卧室所立面，不少于 12 个。

2）文件型号：A4 纸。

3）表现方式：手绘或电脑制作不限，注意排版。

4）完成时间：约 7 天。

课题3.2
立面设计与立面图绘制

● 学习目标

通过本课题的学习，掌握家居空间立面设计的色彩心理并能在设计中正确表达；了解家居空间立面与其他界面（顶面、地面）之间的联系；重点掌握家居立面图的设计与绘制方案，能在方案设计中熟练操作绘图软件进行图纸绘制。

● 学习任务

（1）家居空间重点立面的色彩心理。

（2）家居空间重点立面与其他界面的联系。

（3）家居空间重点立面图的设计与绘制。

● 任务分析

随着建筑技术的发展和生活水平的提高，人们对于室内环境质量要求越来越高，室内装饰设计原先简单的制图做法已经不能满足人们的需要，新的制图方法应运而生，以表达丰富的构思、材料及工艺要求。本课题主要针对立面图的设计与绘制，进行分析研究，要求学生最终能熟练掌握CAD电脑制图的方法及技巧，为今后走上工作岗位打下坚实基础。

3.2.1 立面的色彩心理

3.2.1.1 色彩的心理效应

色彩的心理效应是人对色彩所产生的感情。对同一颜色，不同的人有不同的联想，从而产生不同的感情。所以色彩心理效应不是绝对的。色彩使人心理产生不同联想的主要因素主要有：色相、明度、纯度、色调。

色彩的心理效应从两方面表现出来，一方面是对视觉产生的美丑感；另一方面是对人的感情产生的好恶性。美丑感就是悦目的程度，好恶性就是影响人的情绪变化，近而产生不同的联想和象征。对于色彩的好恶，不同性别、年龄、职业、民族的人，其感受是不同的；在不同的时期，人们对色彩的爱好也有差异，所以产生了色彩的流行趋势，即流行色。这对于室内设计人员来说很重要。如果不把握色彩的流行趋势，那么室内设计效果总有过时之感。下面以各种不同的颜色来说明这个问题。

（1）红色。

红色的光波最长，穿透力最强，并最易使人注意、兴奋、激动和紧张。人的眼睛不适应红光的长时间刺激，容易造成视觉疲劳。由于发光体的红光能传导热能，因而能使人感到温暖。总之，红色最富刺激性，最易使人产生热烈、活跃、美丽、动人、热情、吉祥、忠诚的联想。然而红光又会使人联想到危险，又给人以躁动和不安的感觉。

（2）橙色。

橙色穿透力仅次于红色，它的注目性也较高，也容易造成视觉疲劳。橙色的温度感比红色更强，因为火焰在最高温度时是橙色，大自然中有许多果实都是橙色，所以它又被称为丰收色。因此，橙色很易使人联想到温暖、明朗、甜美、活跃、成熟和丰美；但橙色易使人感到烦躁。

（3）黄色。

黄色的明视度最高，光感也最强，所以，照明光多用黄色，日光及大量的人造光源都倾向于黄色。黄色又是普通的颜色，自然界许多鲜花都是黄色，许多动物的皮毛也是黄色。黄色给人以光明、丰收和喜悦之感。

我国古代帝王以黄色象征皇权的崇高和尊贵。黄色被大量地用在建筑、服饰、器物之上，成为皇室的主要代表色，这样就使黄色在中国人心中有一种威严感和神秘感。

（4）绿色。

在太阳投射到地球上的光线中，绿色光占了一半以上。人的眼睛最适应绿色光的刺激。由于对绿色的刺激反应最平静，所以，绿光是最能使眼睛得到休息的光。植物的绿色给人带来清新的景致和新鲜的空气，是春天和生命的代表色，是构成生机勃勃的大自然的总色调。所以，绿色很自然使人联想到新生、春天、健康、永恒、和平、安宁和智慧。

（5）蓝色。

蓝色的光波较短，穿透力弱，蓝光在穿过大气层时大多被折射掉而留在大气层中，使天空呈现出蓝色，所以天蓝色富有空间层次感。海洋由于吸收了天空的蓝色又呈现出蓝色。所以蓝色很容易使人联想到广大、深沉、悠久、纯洁和理智。蓝色又是一种极为冷静的颜色，所以又易使人联想到冷淡、阴郁和贫寒。

（6）紫色。

紫色的光波最短，再短些就是人眼睛看不见的紫外光了。紫色光不导热，也不照明，眼睛对它的知觉度低、分辨率弱，容易感到疲劳。然而明亮的紫色好像天上的霞光，原野的玫瑰，使人感到美妙和兴奋。所以我国古代有"紫气东来"之说，赋予紫色以祥瑞的感情色彩；古代祭神、祭天的建筑顶也采用紫色以象征高贵。所以紫色使人感到美妙、吉祥、高贵；又由于紫色还具有阴沉的特点，也可使人联想到阴暗、险恶的一面。

此外，白色表示纯洁、清白、朴素，也可以使人感到悲哀和冷酷。灰色表示朴素、平凡、中庸，也能使人感到空虚、沉闷、忧郁和绝望。黑色使人感到坚实、含蓄和肃穆，也可使人联想到黑暗和罪恶。

色彩引起的心理效应，还与不同的历史时期、地理位置以及不同的民族、宗教习惯有关。

3.2.1.2　色彩的心理效应与联想

（1）色彩的情感性。

色彩美不仅有悦目性，而且有情感性。人的情感虽各有差异，但一般来说也有共性，色彩引发的共同性情感大致可有以下几种。

1）兴奋与镇静。

通常暖色易使人兴奋，冷色使人镇静。另外，凡明度和彩度高的色也易使人兴奋，相反，比较暗、灰的色易使人沉静。同时，如有几种色彩，它们的色相、明度和彩度的对比都很强烈，也易产生兴奋感，反之则有沉静感。

2）轻快与滞重感。

一般明色有轻快感，暗色有滞重感。但若明度相同，不同的彩度也有不同感觉，一般彩度高的色要轻快些；如明度和彩度相同，则冷色要感到轻快些。

3）华丽与素雅。

色相变化多、彩度高而明快的设色，能给人以华美和富丽堂皇的感觉，反之色相单调和彩度低的设色，使人感觉素雅。在明度方面，明色华丽，暗色朴素。在彩度方面，彩度高的华丽，低的朴素。金银色也是华丽的，但其中如加入黑色，则华丽中宜显出素雅。

4）开朗与沉郁。

明亮的色彩有开朗感，暗色则使人感到沉郁。见到红、橙、黄等暖色为主的纯度和明度高的色彩时，就显得活泼，见到以蓝、紫等冷色为主的纯度和明度都不高的色彩时，就显得沉郁。这些都是以明度大小为主，伴随着纯度的高低和色性的冷暖而产生的影响。

从色彩的属性看，人对色彩的情感也有普遍性和共同性，这可归纳见表3-2-1。

表3-2-1　　　　　　　　　　　　人对色彩基本感受的反应

色的属性		人对色彩基本感受的反应
色相	暖色系	温暖、活力、喜悦、甜蜜、热情、积极、活泼、华丽、浮躁、激进
	中性色系	稳定、平凡、折中、谦和
	冷色系	寒冷、消极、沉着、深远、理智、休息、幽静、肃静、阴险、冷酷
明度	高明度	轻快、明朗、清爽、单薄、软弱、优美、女性化
	中明度	平和、保守、稳定
	低明度	厚重、阴暗、压抑、硬、迟钝、安定、个性、男性化
彩度	高彩度	鲜艳、刺激、新鲜、活泼、积极、热闹、有力量
	中彩度	平常、中庸、稳健、文雅
	低彩度	低刺激、陈旧、寂寞、老成、消极、朴素

资料来源：摘自《室内设计师手册》，高祥生主编。

（2）色彩的象征性。

1）色彩的象征。

某种色彩约定俗成地经常表示某种特定内容，即为色彩的象征性，它是色彩情感的升华。

色彩的象征性往往是多义的，例如我国在传统上以色彩代表方位、等级、四时、五行、气氛等。同时色彩对事物的象征具有两面性，有积极方面的意义，也有消极性的意义。见表3-2-2。

表3-2-2　　　　　　　　　　　　色 彩 的 象 征 性

象征 色彩	积 极 方 面	消 极 方 面
红	热情、革命	危险、极端
橙	富丽、温情	嫉妒、浮躁
黄	光明、幸福	低俗、浅薄
绿	和平、成长	幼稚、生腻
蓝	沉静、遥远	冷淡、平庸
紫	优雅、高贵	神秘、孤傲
白	纯洁、神圣	虚无、死亡
灰	平凡、朴素	忧郁、呆滞
黑	严肃、坚毅	死亡、恐怖

资料来源：摘自《室内设计师手册》，高祥生主编。

色彩的象形性有的是共同的，可在全世界通用，但多数则因地域、民族、宗教、文化、风俗而异，见表3-2-3。

表 3-2-3　　　　　　　　　　　　　　　　　　色 彩 在 各 国 的 象 征

国家、地区 色彩	中 国	日 本	欧 美	古 埃 及
红	南方、火	火、敬爱	圣诞节	人
橙			万圣节	
黄	中央、土	风、增益	复活节	太阳
绿			圣诞节	自然
蓝	东方、木	天空、事业	新年	天空
紫			复活节	地
白	西方、金	水、清净	基督	
灰				
黑	北方、水	土、降伏	万圣节前夜	

资料来源：摘自《室内设计师手册》，高祥生主编。

2）色彩的爱憎。

人对色彩的喜爱是由多种因素决定的，其中包括民族的历史的生活环境以及风土习惯、性别、年龄等因素，同时也与文化传统、宗教信仰、经济条件以及生理、职业、教育等因素有关。现就世界各主要民族传统喜爱的色彩见表 3-2-4。

表 3-2-4　　　　　　　　　　　　　　　　　　世界各民族喜爱的色彩

民　族	传统喜爱色彩	民　族	传统喜爱色彩
中华民族	红、黄、蓝、白	拉丁民族	橙、黄、红、黑、灰
印度民族	红、黑、黄、金	日耳曼民族	蓝绿、蓝、红、白
斯拉夫民族	红、褐	非洲民族	红、黄、蓝

资料来源：摘自《室内设计师手册》，高祥生主编。

3.2.1.3　室内主要空间色彩设计

（1）卧室色彩。

卧室是人们睡眠休息的地方，对色彩的要求较高，不同年龄对卧室色彩要求差异较大。卧室的色彩不宜过重，对比不要太强烈，宜选择优雅、宁静、自然的色彩（见图 3-2-1）。

（2）起居室色彩。

起居室是全家展示性最强的部位，色彩运用也最为丰富，起居室的色彩要以反映主人的审美、品味出发，并可以有较大的色彩跳跃和强烈的对比，突出各个重点装饰部位（见图 3-2-2）。

图 3-2-1　卧室色彩（摘自网络）

图 3-2-2　起居室色彩（摘自网络）

（3）餐厅色彩。

餐厅是进餐的专用场所，一般应选择暖色调，突出温馨、祥和的气氛，同时要便于清理。总体宜采用较深的颜色，但局部部位应配以浅黄、白色等反映清洁卫生的颜色。餐厅的地面宜深红、深橙色装饰。墙壁的色彩可以较为多样化，一种设计是对比度大，反映家庭个性；另一种设计是选择平淡，以控制情绪为主（见图3-2-3）。

（4）厨房色彩。

厨房是制作食品的场所，颜色表现应以清洁、卫生为主。由于厨房在使用中易发生污染，需要经常清洗，因此，应以白、灰色为主。地面不宜过浅，可采用深灰等耐污性好的颜色，墙面宜以变色为主，便于清洁整理，顶部宜采用浅灰、浅黄等颜色（见图3-2-4）。

图3-2-3 餐厅色彩（摘自网络）

图3-2-4 厨房色彩（摘自网络）

（5）书房色彩。

书房是认真学习、冷静思考的空间，一般应以蓝、绿等冷色调的设计为主，以利于创造安静、清爽的学习氛围。书房的色彩绝不能过重，对比反差也不应强烈，悬挂的饰物应以柔和的字画为主（见图3-2-5）。

（6）卫生间色彩。

卫生间是洗浴的场所，也是一个清洁卫生要求较高的空间，瓷砖的大小与卫生间的大小成正比关系，花纹不宜太浮躁与明显。总体上，大部分的卫生间都可使用水蓝色调、草绿色调与暖白色调（见图3-2-6）。

图3-2-5 书房色彩（摘自网络）

图3-2-6 卫生间色彩（摘自网络）

3.2.2 立面与其他界面的联系

3.2.2.1 色彩上的联系

在居室中，立面的位置居于顶面与地面之间，在进行色彩设计时，立面色调深浅程度同样也是处于二者之间。顶面由于需要有强烈的反光，以便照亮整个空间，所以顶面所用色彩应是浅色，主要以白色为主；地面的位置在空间的最下方，依据人们上轻下重、上浅下深的视觉规律，地面色调可以采用深色，主要以褐色、深灰等色调为主；而立面的色调不宜太深或太浅，而是采用中间色调为宜（见图 2-3-7）。

3.2.2.2　材料上的联系

在界面的材料设计中，对一样的饰面材料，在考虑方案时，要注意材料的接缝、对花及间隔问题，对不同材料的衔接也要考虑材料接缝问题，使各种材料能够完整连接，界面保持完整、连贯。

界面常用的材料衔接手法是用各种压线将材料接头遮盖，从压线线形用材可分为木线、石膏线、石材线、灰线、塑料线等。从遮盖的位置可将线形分为：①阳角线，这种线形主要装饰界面相交后形成的 90° 凸出处；②阴角线，主要装饰界面相交后形成的 90° 凹入处；③平板线，主要装饰各种板材平面对接后留下的缝隙。

从室内界面的具体应用看，在界面的边缘，不同材料的交接处一般都要做收头或压线处理。如平板线最常见的一种是踢脚线，它常作为地面与墙面交接处的压线，阴角线常见的线形有棚角线，它是墙面与顶棚交接的压线。阳角线作为界面转折处常用的压线，也有在界面转角处做压线的情况。

材料之间的交接使界面上产生了许多的线条。各种线有规律的组合会产生明显的感情意味，水平线给人以安宁感；垂直线则有均衡、稳定感；斜线具有动感、不稳定的感觉（见图 3-2-8）。

图 3-2-7　中间色调的立面
（摘自《台湾设计师不传的私房秘技——主墙设计 500》，台湾麦浩斯《漂亮家居》编辑部编）

图 3-2-8　立面与顶面的衔接
（摘自《台湾设计师不传的私房秘技——主墙设计 500》，台湾麦浩斯《漂亮家居》编辑部编）

3.2.2.3　结构上的联系

空间界面在结构运用多种方式连接：结构上的连接；面与面自然连接、过渡；层次变化进行连接；形状的连接等，总之连接方式甚多，可以产生各种不同的变化（见图 3-2-9）。

图 3-2-9　结构上的连接（摘自网络）

3.2.3 立面图的设计与绘制

3.2.3.1 立面图的设计

住宅室内装修立面图，主要是用来表达内墙立面的造型、所用材料的规格、色彩与施工工艺以及装修构件。住宅室内装修立面图有3种常用的表示方法。

（1）设想将室内空间垂直剖开，移去剖切平面前面的部分，对余下部分做正投影。所表示的图像进深感较强，并能反映顶棚的逐级变化。由于在平面布置图上没有剖切符号，仅用投影符号表明视向，使其剖面图示较难与平面图和顶棚平面图相对应。

（2）设想将室内各墙面沿面与面相交处拆开，移去暂时不予图示的墙面，将剩下的墙面及其装修布置，向铅直投影面作投影。这种立面图不出现剖面图像，只出现相邻墙面及其上装修构件与该墙面的表面交线。

（3）设想将室内各墙面沿某轴阴角拆开，依次展开，直至都平行于同一铅直投影面，形成立面展开图。这种立面图能将室内各墙面的装修效果连贯地进行表达，便于研究各墙面之间的统一与反差及相互衔接关系，对住宅室内装修设计与施工有着重要作用。

3.2.3.2 立面主要内容及制图要求

（1）主要内容。

住宅室内装修立面图主要用于表明建筑内部某一装修空间的立面形式、尺寸及室内配套布置等内容。

（2）制图要求。

装修立面图应标明以下要素。

1）图名、比例和立面图两端的定位轴线及其编号。立面图应据其空间名称，所处楼层等确定其名称。立面图可根据其空间尺度及所表达内容的深度来确定其比例。常用比例为1∶25、1∶30、1∶40、1∶50、1∶100等。

2）以室内地面为标高零点的相对标高，并以此为基准来标明装修立面图上其他相关部位的标高。

3）室内立面装修的造型和式样，并用文字说明其饰面材料的品名、规格、色彩和工艺要求。

4）室内立面装修造型的构造关系与尺寸。

5）各种装修面的衔接收口形式。

6）室内立面上各种装饰品（如壁画、壁挂、金属字等）的式样、位置和大小尺寸。

7）门窗、花格、装修隔断等设施的高度尺寸和安装尺寸。

8）室内景园小品或其他艺术造型体的立面形状和高低错落位置尺寸。

9）室内立面上的所用设备及其位置尺寸和规格尺寸。

10）表明详图所示部位及详图所在位置。作为基本图的装修剖面图，其剖切符号一般不应在立面图上标注。

住宅室内装修立面图的线型选择和建筑立面图基本相同。但细部描绘更应力求概括，为增加效果的细节描绘均应以细淡线表示。

（3）住宅室内装修立面图例（见图3-2-10）。

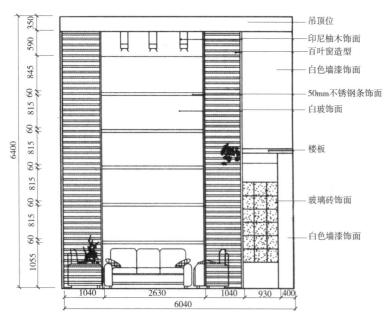

图3-2-10 客厅沙发背景立面图
（摘自《住宅室内装修设计》，骆中钊编著）

实训 室内空间立面设计

1. 任务目标

通过完成本设计任务，掌握室内立面图的设计与绘制方法，熟练掌握运用 CAD 制图软件绘制立面图的方法与技巧。

2. 设计条件

（1）空间：实体住宅平面图 1 份（见图 3-2-11）。

图 3-2-11 住宅平面图

（2）使用者：虚拟或根据实际情况确定。

3. 设计要求

（1）实施方式。

学生 6 人一组，相互协作、交流、评价、学习，小组成员各自独立完整的设计内容。

（2）完成内容。

1）文件内容：户型图纸目录表。

● 文件型号：A4 纸。

● 文件格式：自行设计。

2）资料。

● 资料内容：临摹立面图若干、收集资料。

● 资料形式：书籍、电子文件等。

3）图纸。

● 图纸内容：给定户型中的所有空间所有立面。

● 表现方式：电脑制作。

（3）完成时间。

约 7 天。

4. 案例分析

立面图的设计与绘制需要严格遵守制图规范，按照国标要求完成。通过以下案例分析一套售楼中心样板间的立面图，了解立面图的绘制规范。（见图 3-2-12 ~ 图 3-2-17 ）。

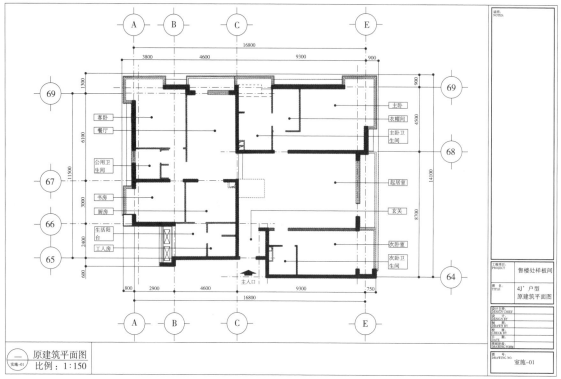

图 3-2-12　原建筑平面图
（摘自《室内设计工程制图方法及实训》，赵晓飞编著）

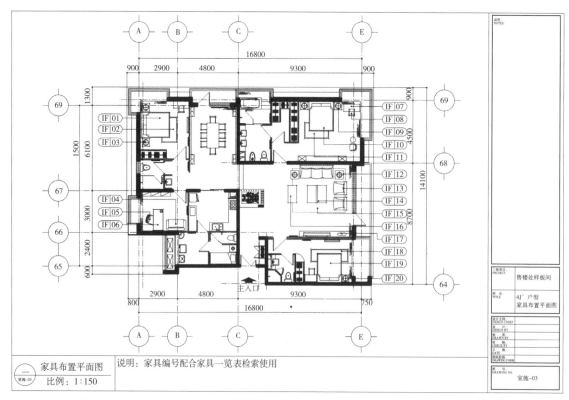

图 3-2-13　家具布置平面图
（摘自《室内设计工程制图方法及实训》，赵晓飞编著）

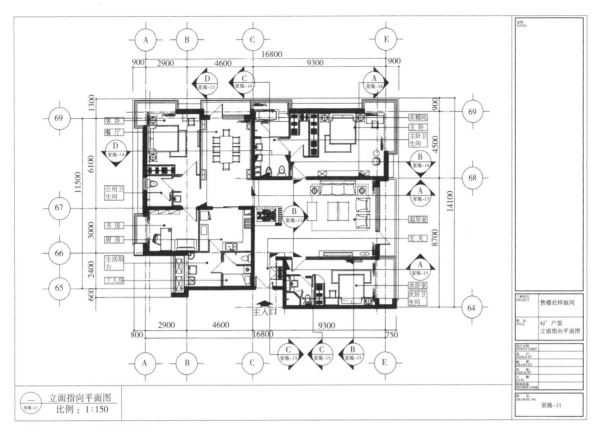

图 3-2-14 立面指向平面图
（摘自《室内设计工程制图方法及实训》，赵晓飞编著）

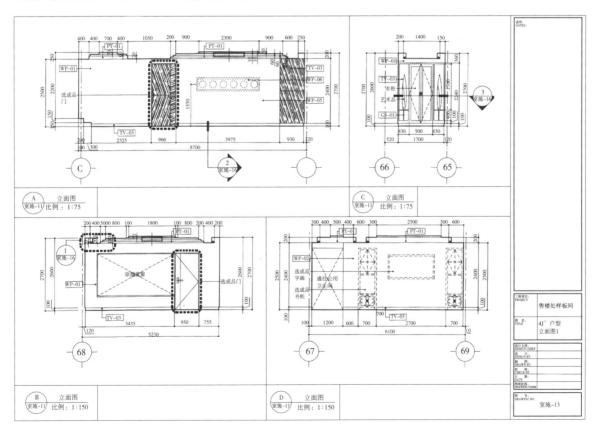

图 3-2-15 室内各立面图
（摘自《室内设计工程制图方法及实训》，赵晓飞编著）

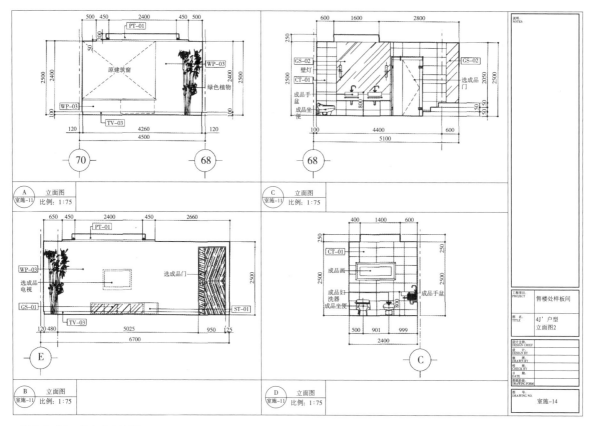

图 3-2-16　室内各立面图
（摘自《室内设计工程制图方法及实训》，赵晓飞编著）

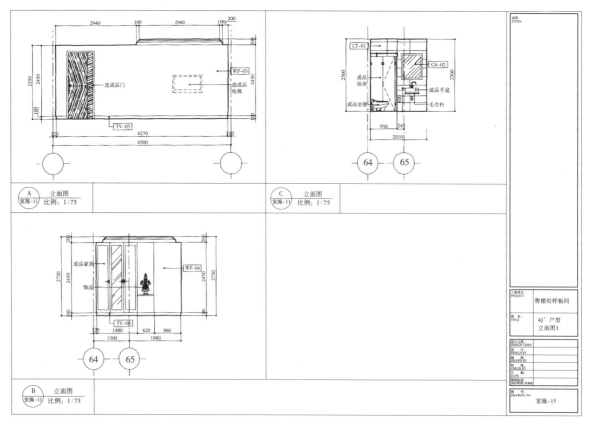

图 3-2-17　室内各立面图
（摘自《室内设计工程制图方法及实训》，赵晓飞编著）

模块 4 | 顶面造型设计

● 学习目标

通过顶面造型与照明原理的学习，使学生能够运用正确的装饰材料进行不同功能空间的顶面设计。

● 学习任务

（1）各类吊顶造型特点的掌握。

（2）照明方式吊顶与材料的关系。

● 任务分析

通过对顶面的造型设计、照明设计的学习，能够依据空间的建筑结构和室内风格设计各空间的顶棚。

4.1.1 顶面造型设计

顶面造型设计，是室内设计的重要部分之一。吊顶在整个居室装饰中占有相当重要的地位，对居室顶面作适当的装饰，不仅能美化室内环境，还能营造出丰富多彩的室内空间艺术形象。在选择吊顶装饰材料与设计方案时，要遵循既省材、牢固、安全，又美观、实用的原则。

4.1.1.1 吊顶按照形式分类

（1）平面式吊顶。

图4-1-1　平面式吊顶体现出工作室的简洁

平面式吊顶是指表面没有任何造型和层次，这种顶面构造平整、简洁、利落大方、材料也较其他的吊顶形式省，适用于各种居室的吊顶装饰，尤其是层高不高的空间（见图4-1-1）。

（2）凹凸式吊顶（通常叫造型顶）。

凹凸式吊顶是指表面具有凹入或凸出构造处理的一种吊顶形式，这种吊顶造型复杂富于变化、层次感强、适用于客厅、门厅、餐厅等顶面装饰。它常常与灯具（吊灯、吸顶灯、筒灯、射灯等）搭接使用（见图4-1-2、图4-1-3）。

（3）悬吊式。

悬吊式是将各种板材、金属、玻璃等悬挂在结构层上的一种吊顶形式。这种天花富于变化动感，给人一种耳目一新的美感，

常用于宾馆、音乐厅、展馆、影视厅等吊顶装饰。常通过各种灯光照射产生出别致的造型，充溢出光影的艺术趣味（见图4-1-4）。

图 4-1-2　造型吊顶将狭窄单调的过道空间变得富有　　图 4-1-3　造型吊顶使客厅变得大气富有层次
韵律变化

图 4-1-4　悬吊式的整体顶面将厨房空间营造得洁净清爽

（4）井格式。

井格式吊顶是利用井字梁因形利导或为了顶面的造型所制作的假格梁的一种吊顶形式。配合灯具以及单层或多种装饰线条进行装饰，丰富天花的造型或对居室进行合理分区（见图 4-1-5、图 4-1-6）。

图 4-1-5　富有创意的井格式造型较好地营造出过道空间　　图 4-1-6　叠层的黑色井格式顶面体现了专卖店的现代时尚

（5）玻璃式。

玻璃顶面是利用透明、半透明或彩绘玻璃作为室内顶面的一种形式，这种主要是为了采光、观赏和美化环境，可以作成圆顶、平顶、折面顶等形式。给人以明亮、清新、室内见天的神奇感觉（见图4-1-7）。

（a）　　　　　　　　　　　　　　　　　　　　（b）

图4-1-7　利用玻璃的特点营造出明亮、清新的神奇感觉
（a）圆形玻璃式顶棚；（b）彩绘玻璃式顶棚

4.1.1.2　吊顶按照使用材料分类

轻钢龙骨石膏吊顶、石膏板吊顶、夹板吊顶、异形长条铝扣板吊顶、方形镀漆铝扣板吊顶、彩绘玻璃吊顶、铝蜂窝穿孔吸音板吊顶。

4.1.1.3　顶面设计要求

（1）用来遮挡结构构件及各种设备管道和装置。

（2）对于有声学要求的房间顶棚，其表面形状和材料应根据音质要求来考虑。

（3）吊顶是室内装修的重要部位，应结合室内其他各界面进行统筹考虑，装设在顶棚上的各种灯具和空调风口应成为吊顶装修的有机整体。

（4）要便于维修隐藏在吊顶内的各种装置和管线。

（5）吊顶应便于工业化施工，并尽量避免湿作业。

4.1.1.4　顶棚的装饰构造

进行室内的顶面造型设计就离不开顶棚的装饰构造。顶面的设计包括材料的选择、色彩的搭配以及构造方式的设计，室内设计必须要以装饰材料为物质载体，装饰构造下的施工得以实现。因此顶棚的装饰构造设计是顶棚设计重要的环节，也是后期顶棚大样图、剖面图设计的准备阶段。

（1）顶棚装饰构造形式。

1）按构造显露状况可分为开敞式和隐蔽式。

2）按面层和龙骨的关系可分为固定式和活动式。

3）按承受荷载的大小可分为上人顶棚和不上人顶棚。

4）按施工方法可分为抹灰涂刷类、裱糊类、贴面类、装配类等。

5）按装饰饰面与结构基层关系可分为直接式和悬吊式。

（2）顶棚装饰构造方法。

　　除直接式顶棚是将房间上部的屋面或楼面的结构底部直接进行抹灰或裱糊、粘贴处理外，其他顶棚的做法基本都是吊筋、龙骨和饰面层组成。这几个部分都有各自不同的做法，在不同的环境和条件下，可以对这几部分综合考虑，得出比较适宜的构造方法。

　　吊筋，或叫悬索，是将顶棚与屋顶进行连接的构件，根据条件的不同有多种方法安装（见图 4-1-8 ~ 图 4-1-11）。

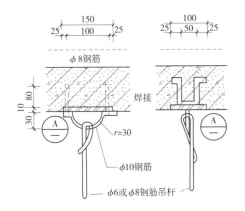

图 4-1-8　预埋铁件固定吊筋

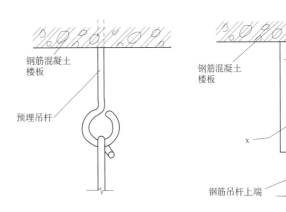

图 4-1-9　预埋钢筋固定吊筋

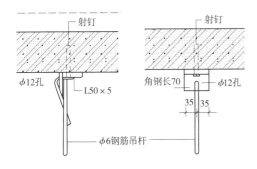

图 4-1-10　射钉固定钢板或角钢、再固定吊筋

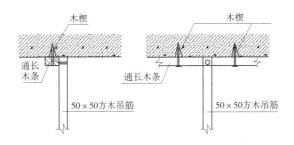

图 4-1-11　木钉固定钢板或角钢、再固定吊筋

　　龙骨是连接吊筋与饰面层的关键部分（见表 4-1-1）。目前常见的是轻钢龙骨，还有少数设计使用木龙骨（见图 4-1-12、图 4-1-13）。吊筋与龙骨可以钉接、挂接、胶接等方式组合。饰面层安装在龙骨上，形式和材料多样，如装饰石膏板面层、木质纹理饰面层、玻璃面层、金属面层等。

表 4-1-1　　　　　　　　　　　　　　　各类龙骨式样、尺寸

项目	主龙骨			次龙骨		
	尺寸骨	截面骨	间距骨	尺寸	截面	间距
木龙骨	50×70 70×100		1000 左右	50×50		300 ~ 600 根据板材尺寸定
轻钢龙骨	38 系列 50 系列 75 系列		900 ~ 1200	38 系列 50 系列 75 系列		400 ~ 600
铝合金龙骨	38 系列 50 系列 75 系列		900 ~ 1200	38 系列 50 系列 75 系列		400 ~ 600

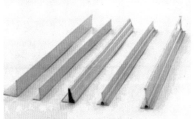

图 4-1-12　各式样金属龙骨

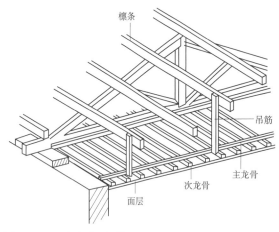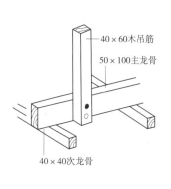

图 4-1-13　木龙骨顶棚构造

4.1.2　照明设计

4.1.2.1　室内采光照明的基本概念与要求

在室内设计中，光不仅是为满足人们视觉功能的需要，而且是一个重要的美学因素。光和室内其他构成元素一样，可以形成空间、改变空间，塑造空间和诠释空间，它直接影响到人对物体大小、形状、质地和色彩的感知，它有利于人们的工作、休息和娱乐，而且能以美的形式使人产生良好的情绪。

1. 照度、光色、亮度

日本著名设计师安滕忠雄说道："光和影能给静止的空间增加动感，给无机的墙面以色彩，能赋予材料的质感以更动人的表情。室内空间的光影借助各种形式的照明装置，时而表现光，时而表现影，生动的光影效果为室内空间注入活力，丰富了空间的内涵。"

光就像人们已知的电磁能一样，是一种能的特殊形式，它规定的度量单位是纳米（nm）。

照度：以光通量作为基准单位来衡量，表示工作面上被照明的程度，单位是勒克斯（lx）。

光通量的单位为流明（lm），光源的发光效率的单位为流明/瓦特。

光色：光色主要取决于光源的色温，并影响室内的气氛。

亮度：亮度作为一种主观的评价和感觉，和照度的概念不同，它是表示由被照面的单位面积所反射出来的光通量，也就是光源单位面积的发光强度，单位是 cd/m^2，因此与被照面的反射率有关。

2. 色温

一个物体被加热到一定的温度时开始发出暗红色光，温度再升高时光的颜色逐渐变成黄白色、白色、蓝白色，发出某颜色光时物体的温度称为该颜色的色温，单位是开尔文（K）。低色温的光是暖色光，感觉温暖；高色温的光是冷色光，感觉凉爽。

光源的色温与照度水平相适应，一般高色温高照度和低色温低照度的环境人们觉得比较舒适，否则，在低色温、高照度下，呈现闷热的气氛，在高色温、低照度下，呈现阴郁的气氛。

3.材料的光学性质

前面我们提到过，材料是实现室内设计思想的物质载体，在室内照明设计中，我们不能不考虑材料的光学性质。光遇到物体后，某些光线被反射，成为反射光；光也能被物体吸收，转化为热能，使物体温度上升，并把热量辐射至室外，被吸收的光就看不见；还有一些光的光通量总和等于入射光通量（见图4-1-14）。

当光射到光滑表面的不透明材料上，如镜面或金属镜面，则会产生定向反射；如果光射到不透明的粗糙表面时，则产生漫射光，如布艺陈设。

不同材料的光学性质及透明材料的透射系数见表4-1-2、表4-1-3。

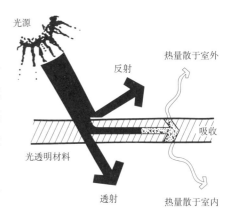

图 4-1-14　入射光与反射光、吸收光

表 4-1-2　　　　　　　　　不同材料的光学性质

表 面 粗 糙 材 料		表 面 光 滑 材 料	
粗砖 混凝土 低光泽的平涂料 石灰石 白灰粉刷 低光泽的塑料制品 （丙烯腈丁、三聚氰胺甲醛塑料、聚氯乙烯） 砂石 粗木材	漫射光 粗糙面	抛光铝 亮（磁）漆 玻璃 磨光大理石 抛光塑料 不锈钢 水磨石 马口铁 油光木材	α　β 光滑面（α=β）

表 4-1-3　　　　　　　　　透明材料的透射系数

透明材料		透射系数（%）
直接透射　光亮玻璃	透明玻璃或塑料 透明的颜色玻璃或塑料 蓝色 红色 绿色 淡黄色	80 ~ 94 3 ~ 5 8 ~ 17 10 ~ 17 30 ~ 50
扩散透射　毛玻璃 散射光	毛玻璃，朝向光源 毛玻璃，远离光源	82 ~ 88 63 ~ 78
漫透射　玻璃纤维增强塑料 漫射光	细白石膏 玻璃砖 大理石 塑料（丙烯酸、乙烯基、玻璃纤维增强塑料）	20 ~ 50 40 ~ 75 5 ~ 40 30 ~ 65

4.1.2.2　照明的控制

1.眩光的控制

亮度太大的光称为眩光，眩光与光源亮度、人的视觉有关。如图4-1-15所示为成年人坐或立时的正常视角。在室内

照明设计策略中，对于眩光要尽量避免。引起眩光的条件主要有以下4种。

（1）光源周围环境过暗，越暗越刺眼。

（2）光源的亮度越高越刺眼。

（3）光源的外观尺寸越大越刺眼。

（4）光源离视线越近越刺眼。

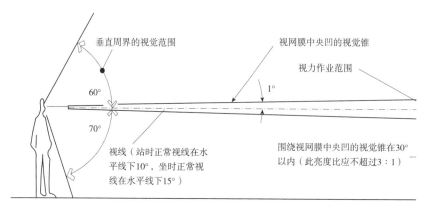

图 4-1-15　成年人坐或立时的视觉范围

眩光的控制方法（见图 4-1-16 ~ 图 4-1-18 ）。

（1）适当提高环境亮度，降低环境的亮度比。

（2）采用遮阳的方法，避免直射眩光进入人眼。

当光源处于眩光区之外，即在视平线 45° 之外，眩光即不严重，遮光灯罩可以隐蔽光源，避免眩光。当决定了人的视点和工作位置后，就可以找出引起反射眩光的区域，在此区域内不要布置光源。图中看出倾斜的工作面较之平面，不宜布置光源的区域要小。

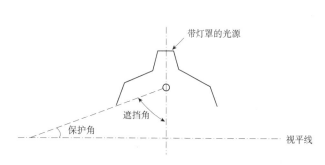

图 4-1-16　遮光罩的遮光范围

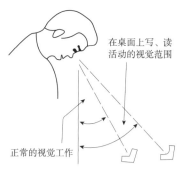

图 4-1-17　读、写、工作时的正常视觉范围

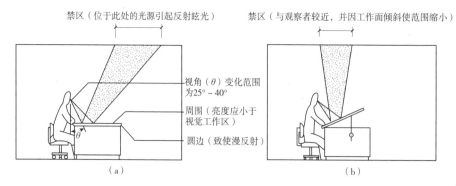

图 4-1-18　不应布置光源的区域

（3）工作面采用粗糙材料，减少反射眩光的产生。

2. 光源亮度比的控制

控制整个室内的合理的亮度比例和照度分配，与灯具布置方式有关。

（1）一般灯具布置方式。

1）整体照明。其特点是常采用匀称的镶嵌于顶棚上的固定照明，这种形式为照明提供了一个良好的水平面和在工作面上照度均匀一致，在光线经过的空间没有障碍，任何地方光线充足，便于任意布置家具，并适合于空间和照明相结合，但是耗电量大，在能源紧张的条件下是不经济的，否则就要将整个照度降低。这种灯具布置方式一般适合于办公空间、商业空间等公共空间，如图 4-1-19 所示。

图 4-1-19　整体照明

2）局部照明。为了节约能源，在工作需要的地方才设置光源，并且还可以提供开关和灯光减弱装备，使照明水平能适应不同变化的需要，如图 4-1-20 所示。

3）整体与局部混合照明。为了改善上述照明的缺点，将 90% ~ 95% 的光用于工作照明，5% ~ 10% 的光用于环境照明，如图 4-1-21 所示。

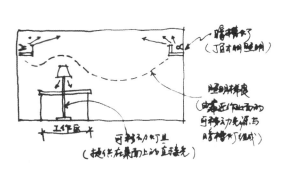
图 4-1-20　局部照明

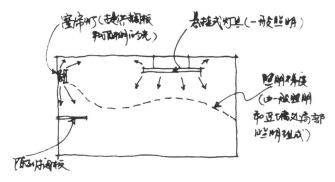
图 4-1-21　整体与局部混合照明

4）成角照明。是采用特别设计的反射罩，使光线射向主要方向的一种办法。这种照明是由于墙表面的照明和对表现装饰材料质感的需要而发展起来的，如图 4-1-22 所示。

（2）照明地带分区。

1）顶棚地带。常做为一般照明或工作照明，由于顶棚所处位置的特殊性，对照明的艺术作用有重要的地位。

2）周围地带。处于正常的视野范围内，照明应特别需要避免眩光，并希望简化。周围地带的亮度应大于顶棚地带，否则将造成视觉的混乱，而妨碍对空间的理解和对方向的识别，并妨碍对有吸引力的趣味中心的识别。

3）使用地带（如地面）。

使用地带的工作照明是需要的，通常各国颁布有不同工作场所要求的最低照度标准。

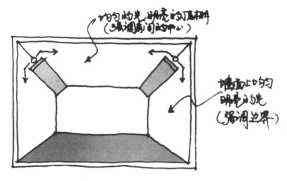
图 4-1-22　成角照明

以上 3 种地带的照明应保持平衡，一般使用地带的照明与顶棚和周围地带照明之比为 2∶1 ～ 3∶1 或更少一些，视觉变化才趋于最小。

（3）室内各部分最大允许亮度比。

1）视力作业与附近工作面之比 3∶1。

2）视力作业与周围环境之比 10∶1。

3）光源与背景之比 20∶1。

4）视野范围内最大亮度比 40∶1。

4.1.2.3　室内采光部位与照明方式

1. 采光部位与光源类型

（1）采光部位。

利用自然采光，不仅可以节约能源，并且在视觉更为习惯和舒适，在心理上能和自然接近、协调，可以看到室外景色，更能满足精神上的要求。室内采光效果，主要取决于采光部位和采光口的面积大小和布置形式，一般分为侧光、高侧光和顶光 3 种形式。

室内采光还受到室外周围环境和室内界面装饰处理的影响，如室外临近的建筑物，既可阻挡日光的射入，又可从墙面反射一部分日光进入室内。此外，窗面对室内来说，可视为一个面光源，它通过室内界面的反射，增加了室内的照度。由此可见，进入室内的日光因素由三部分组成：直接天光，外部反射光，室内反射光。

图 4-1-23 所示表面室内不同的明暗表面布置在面向有窗的墙面，其目的在于增强工作面上的亮度，从图中可见顶棚对反射光的作用最大，地面最小。一般白色表面反射系数约为 90%，黑色表面的反射系数约为 20%。

此外，窗子的方位也影响室内的采光，当面向太阳时，室内所接收的光线要比其他方向的要多。窗子采用的玻璃材料的透射系数不同，则室内的采光效果也不同。

（2）光源类型。

光源的类型可以分为自然光源和人工光源。自然光源主要是日光；人工光源主要是白炽灯、荧光灯、高压放电灯。家庭和一般公共建筑所用的主要人工光源是白炽灯和荧光灯。

1）白炽灯。其优点是光源小、便宜；通用性大、彩色品种多；具有定向、散射、漫射等多种形式；能用于加强物体立体感；色光最接近太阳光色。

白炽灯的缺点是其暖色和带黄色光；所需电的总量说来，发出的较低的光通量，产生的热为 80%，光仅为 20%，节能性能较差；寿命相对较短。

2）荧光灯。具有优异的流明维持率，光效高，节能，寿命高。

3）氖管灯（霓虹灯）。多用于商业标志和艺术照明。

4）高压放电灯。其用于工业和街道照明。

不同类型的光源，具有不同色光和显色性能，对室内的气氛和物体的色彩产生不同的效果和影响，应按不同需要选择。

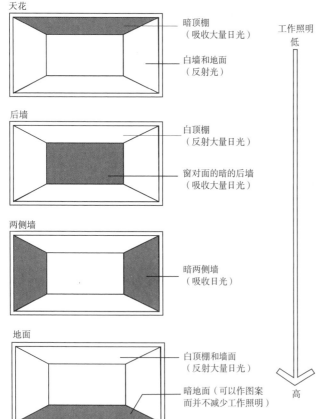

图 4-1-23　不同黑白表面对工作照明的影响

2. 照明方式

照明方式按灯具的散光方式分为以下七种：

（1）间接照明。

将光源遮蔽而产生间接照明，把 90% ~ 100% 的光射向顶棚、穹窿或其他表面，从这些表面再反射至室内。当间接照明紧靠顶棚，几乎可以造成无阴影，是最理想的整体照明。

（2）半间接照明。

半间接照明将 60% ~ 90% 的光向顶棚或墙上部照射，把顶棚作为主要反射光源，而将 10% ~ 40% 的光直接照于工作面。具有漫射的半间接照明灯具，对阅读和学习更可取。

（3）直接间接照明。

直接间接照明装置，对地面和顶棚提供近于相同的照度，即均为 40% ~ 60%，而周围光线只有很少一点。

（4）漫射照明。

这种照明装置，对所有方向的照明几乎都一样，为了控制眩光，漫射装置圈要大，灯的瓦数要低。

上述 4 种照明，为了避免顶棚过亮，下吊的照明装置的上沿至少低于顶棚 30.5 ~ 46cm。

（5）半直接照明。

在半直接照明灯具装置中，有 60% ~ 90% 光向下直射到工作面上，而其余 10% ~ 40% 光则向上照射，由下照明软化阴影的光的百分比很少。

（6）宽光束的直接照明。

具有强烈的明暗对比，并可造成有趣生动的阴影，由其光线直射于目的物，要产生强的眩光。导轨式照明属于这一类。

（7）高集光束的下射直接照明。

因高度集中的光束而形成光焦点，可用于突出光的效果和强调重点的作用，它可提供在墙上或其他垂直面上充足的照度，但应防止过高的亮度比。

4.1.2.4　室内照明作用与艺术效果

无论是公共场所或是家庭，光的作用影响到每一个人，室内照明设计就是利用光的一切特性，去创造所需要的光的环境，通过照明充分发挥其艺术作用，并表现在以下 4 个方面。

（1）创造气氛。

光的亮度和色彩是决定气氛的主要因素。适度愉悦的光能激发和鼓舞人心，而柔弱的光令人轻松而心旷神怡。光的亮度也会对心理产生影响，对于加强私密性的谈话区照明可以将亮度减少到功能强度的 1/5。光线弱的灯和位置布置得较低的灯，使周围造成较暗的阴影，顶棚显得较低，使房间似乎更亲切。

室内的气氛也由于不同的光色而变化。如餐厅、娱乐场所等，常使用暖色，使整个空间具有温暖、欢乐、活跃的气氛，由于光色的加强，光的相对亮度相应减弱，使空间感觉亲切。卧室里也常常使用暖色光而显得更加温暖和睦。冷色光在夏季也会让人感觉到清凉舒爽。

（2）加强空间感和立体感。

空间的不同效果，可以通过光的作用充分表现出来。室内空间的开敞性与光的亮度成正比，亮的房间空间感觉要大，暗的房间空间感觉要小，充满房间的无形的漫射光，也使空间有无限的感觉，而直接光能加强物体的阴影，光影相对比，能加强空间的立体感。

可以利用光的作用，来加强重点展示的地方，如趣味中心，也可以用来削弱不希望被注意的次要地方，从而进一步使空间得到完善和净化。照明也可使空间变得实和虚，许多地台照明及家具底部照明，使物体和地面"脱离"，形成悬浮的效果，使空间显得空透、轻盈。

（3）光影艺术与装饰照明。

光和影是大自然书写的艺术，中国文人将其与民居建筑结合在一起，便有了月光下的粉墙竹影和日光下斑驳的花格窗影。室内的光影艺术就要靠设计师来创造。我们应该利用各种照明装置，在恰当的部位以生动的光影效果来丰富室内的空间，既可以表现光为主，也可以表现影为主，也可以光影同时表现。常见在墙面上的扇贝形照明，也可作为光影艺术之一。

装饰照明是以照明自身的光色造型作为观赏对象，通常利用点光源通过彩色玻璃射在墙上，产生各种色彩形状，用不同光色在墙上构成光怪陆离的抽象"光画"。

（4）照明的布置艺术和灯具造型艺术。

顶棚是表现布置照明艺术的最重要场所，它像一张白纸可以做出丰富多彩的艺术形式来，而且常常结合建筑式样，或结合柱体的部位来达到照明和建筑的统一和谐。现代灯具都强调几何形体构成的基础上，演变成千姿百态的形式，同样运用对比、韵律等构图原则，达到新颖、独特的效果。在选用灯具的时候一定要和整个室内一致、统一。

4.1.2.5 建筑照明

通过建筑照明可以照亮大片的窗户、墙、天棚或地面，荧光灯管很适用于这些照明，因它能提供一个连贯的发光带，白炽灯泡也可运用，发挥同样的效果，但应避免不均匀的现象。

（1）窗帘照明。

将荧光灯管安置在窗帘盒背后，内漆白色以利反光，光源的一部分朝向顶棚，一部分向下照在窗帘或墙上，在窗帘顶和顶棚之间至少应有 25.4cm 的空间，窗帘盒把设备和窗帘顶部隐藏起来。

（2）花檐返光。

用作整体照明，檐板设在墙和顶棚的交接处，至少应有 15.24cm 深度，荧光灯板布置在檐板之后，常采用较冷的荧光灯管，这样可以避免不同墙壁的变色。

（3）凹槽口照明（见图 4-1-24）。

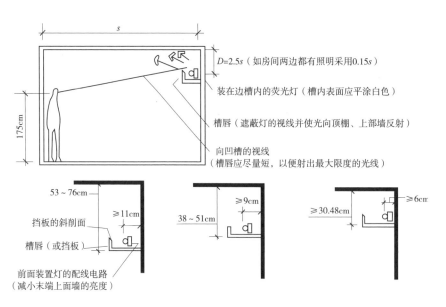

图 4-1-24 不同距离槽口照明布置

这种槽形装置，通常靠近顶棚，使光向上照射，提供全部漫射光线，有时也称为环境照明。由于亮的漫射光引起顶棚表面似乎有退远的感觉，使其能创造开敞的效果和平静的气氛，光线柔和。从顶棚射来的反射光，可以缓和在房间内直接光源的热集中辐射。

（4）发光墙架。

由墙上伸出之悬架，它布置的位置要比窗帘照明低，并和窗无必然的联系。

（5）底面照明。

任何建筑构件下部底面均可作为底面照明，这种照明方法常用于浴室、厨房、书架、壁龛和隔板。

（6）龛孔（下射）照明。

将光源隐蔽在凹处，这种照明方式包括提供集中照明的嵌板固定装置，可为圆的、方的或矩形的金属盒，安装在顶棚或墙内。

（7）泛光照明。

加强垂直墙面上照明的过程称为泛光照明，起到柔和质地和阴影的作用。泛光照明可以有其他许多方式，如图 4-1-25 所示。

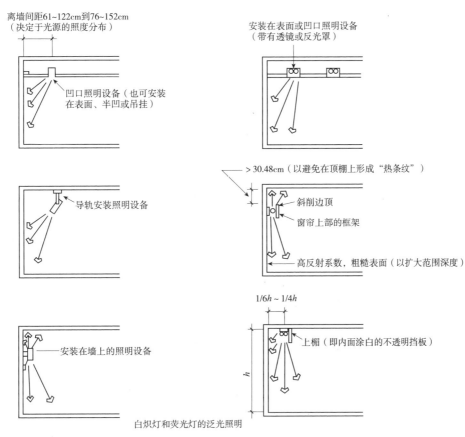

图 4-1-25　不同距离槽口照明布置

（8）发光面板。

发光面板可以用在墙上、地面、顶棚或某一个独立装饰单元上，它将光源隐蔽在半透明的板后。发光顶棚是常用一种，广泛用于厨房、浴室或其他工作地区，为人们提供一个舒适的无眩光的照明。

（9）导轨照明。

导轨灯能用于强调或平化质地和色彩，主要决定于灯的所在位置和角度，如表 4-1-4 所示。

表 4-1-4　　　　　　　　　　　　　　　　　　**轨道灯的安装距离**

顶棚高（m）	轨道灯离墙距离（cm）
2.29 ~ 2.74	61 ~ 91
2.74 ~ 3.35	91 ~ 122
3.35 ~ 3.96	122 ~ 152

（10）环境照明。

照明与家具陈设相结合，其光源布置与完整的家具和活动隔断结合在一起。

● **学习目标**

在上一课题顶面造型与照明原理学习这一课题的基础上,使学生能够独立运用正确的顶面装饰材料结合住宅空间其他界面设计方案进行不同功能空间的顶面设计图绘制。

● **学习任务**

(1)各类吊顶构造。

(2)各功能空间的顶面及照明设计要求。

(3)顶面材料及灯具的认知。

● **任务分析**

通过各类顶棚造型的构造以及顶棚材料灯具的学习,绘制顶面设计图。

4.2.1 顶面图的构思设计

顶面的造型设计首先需要考虑空间的功能以及空间的室内整体风格。其次顶面的设计需要考虑同一空间中其他界面的造型、材料、色彩设计。最后顶面的造型要紧密结合照明灯具、灯光要求以及空间的净空来构思。

4.2.1.1 各类顶棚的构造设计

(1)直接式顶棚。

1)在板底打底后再抹灰、喷涂、裱糊等(见图4-2-1、图4-2-2)。

— 楼板或屋面板
— 混合砂浆找平层
— 抹灰中间层
— 油漆或其他涂料饰面层

图4-2-1 喷涂类顶棚构造层次

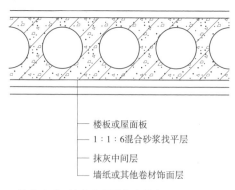

— 楼板或屋面板
— 1:1:6混合砂浆找平层
— 抹灰中间层
— 墙纸或其他卷材饰面层

图4-2-2 裱糊类顶棚构造层次

2)在板底粘贴轻质装饰吸声板、石膏板和线条等。

3)在板底用膨胀螺栓或射钉固定主龙骨,按面板尺寸固定次龙骨,固定面板;罩面(见图4-2-3、图4-2-4)。

4)利用楼层或屋顶的结构构件作为顶棚装饰。采用调节色彩、强调光照效果、改变构件材质、借助装饰品等加强装饰效果(见图4-2-5)。

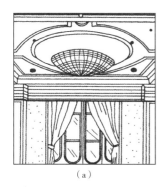

图 4-2-3　直接贴面类顶棚构造
（a）石膏预制条装饰圆形顶棚；（b）粘贴石膏花饰顶棚

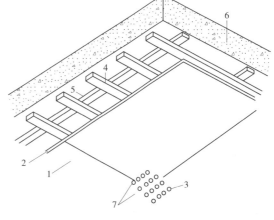

图 4-2-4　直接固定装饰石膏面板构造
1—饰面穿孔石膏板；2—矿棉（上面纸层）；3—纤维网；
4—次龙骨；5—主龙骨；6—楼板；7—腻子嵌平

（2）悬吊式顶棚。

1）轻钢龙骨石膏板顶棚（见图 4-2-6）。

石膏板是以熟石膏为主要原料掺入添加剂与纤维制成，具有质轻、绝热、吸声、不燃和可锯性等性能。石膏板与轻钢龙骨（由镀锌薄钢压制而成）相结合，便构成轻钢龙骨石膏板。轻钢龙骨石膏板天花具有多种种类，包括有纸面石膏板、装饰石膏板、纤维石膏板、空心石膏板条。目前居住空间常用纸面石膏板吊顶。纸面石膏板具有重量轻、隔声、隔热、不易变形、加工性能强、施工方便等特点。市场上石膏板规格主要有 1220mm×3000mm、1220mm×2440mm 两种尺寸。

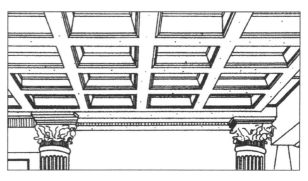

图 4-2-5　结构顶棚构造

龙骨主要有木龙骨、轻钢龙骨、铝合金龙骨等几种。龙骨是吊顶的基本骨架结构，用于支承并固定和连接顶棚饰面材料，同时连接屋顶或上层楼板。传统的龙骨以木质的为主，缺点是强度小、不防火、易于霉烂。轻钢龙骨属新型材料，它具有自重轻、硬度大、防火与抗震性能好、加工和安装方便等优点。这种顶棚构造也适用其他板材类顶棚。

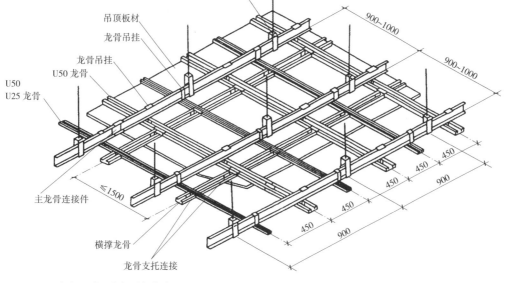

图 4-2-6　轻钢龙骨石膏板顶棚构造

2）对于轻型木龙骨顶棚，可采用主次龙骨同层的构造做法。在住宅空间中的局部吊顶常采用这种构造（见图4-2-7）。

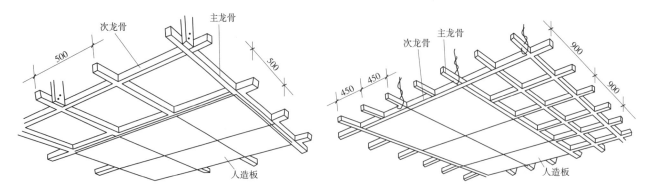

图 4-2-7　木龙骨吊顶构造

3）对悬吊式顶棚中的饰面层的固定构造。

抹灰面层：骨架上钉板条，或钢丝网，或钢板网；做抹灰层；再罩面装饰。

板材面层：面板与骨架采用钉接、粘贴、搁置、卡入、吊挂等形式连接，再罩面装饰（见图4-2-8、图4-2-9）。

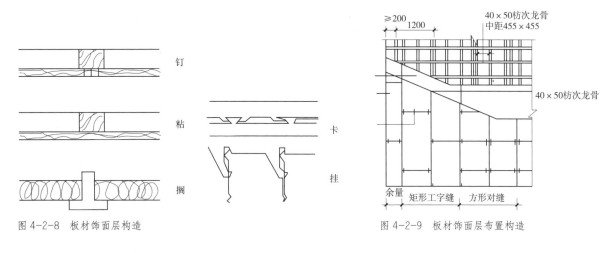

图 4-2-8　板材饰面层构造

图 4-2-9　板材饰面层布置构造

4）T形铝合金龙骨明架顶棚（见图4-2-10）。

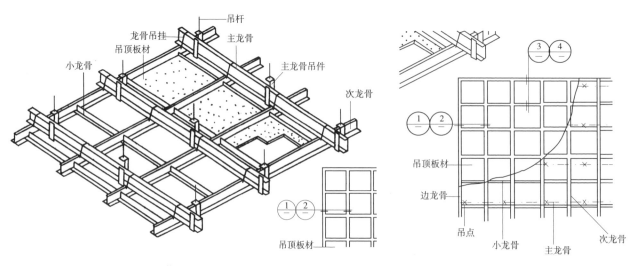

图 4-2-10　铝合金龙骨明架顶棚构造

5）镜面顶棚面板与骨架固定（见图 4-2-11）。

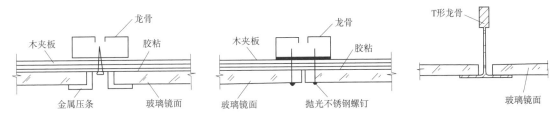

图 4-2-11　镜面顶棚面板与骨架固定构造

6）金属穿孔方板吊顶（搁置式连接）（见图 4-2-12）。

（3）常见凹凸式顶棚的顶面图设计（见图 4-2-13 ～ 图 4-2-16）。

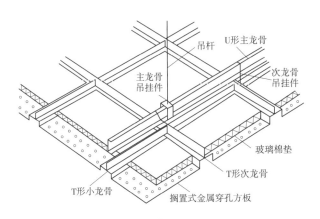

图 4-2-12　搁置式连接顶棚构造

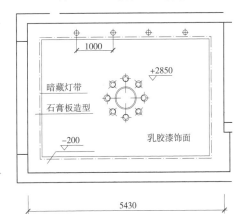

图 4-2-13　客厅凹凸式顶棚

图 4-2-14　对应上图顶棚的吊顶设计图

图 4-2-15　餐厅顶棚效果图及对应吊顶设计图

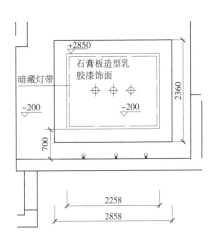

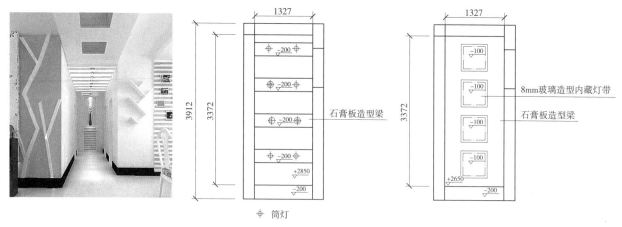

图 4-2-16　常见过道顶棚效果图及对应吊顶设计图

凹凸式顶棚是住宅空间的顶棚常用形式，特别适合目前市场商品房因净空不高而采用的局部吊顶方式。

4.2.1.2　居室各功能空间的顶面图设计要求

（1）门厅的顶棚和照明设计。

在模块2中，我们已经提到门厅的功能主要是室外到室内的过渡空间，起到引导、停歇作用，同时对进入下一空间——起居室在氛围营造上起到欲扬先抑的作用。所以在门厅的顶棚设计上造型适合采用简洁的凹凸顶，也可依据地面的造型进行顶棚设计。吊顶的高度较起居室低，灯具采用亮度适用的筒灯即可。

（2）起居室的顶棚和照明设计。

在这个生活压力大、生活节奏快的社会，起居室是住宅空间中的集娱乐休闲于一体，主人放松心情卸下压力的活动空间，是体现着主人审美情趣和彰显主人热情好客的场所。无论何种设计风格，顶棚设计都需要迎合起居室大气宽敞的气氛。因此起居室的顶棚多采用局部吊顶，并结合电视背景墙、沙发背景墙采用筒灯、射灯进行局部艺术照明，顶棚中部采用与室内风格相适宜的造型吊灯。

（3）餐厅的顶棚和照明设计。

餐厅是家庭成员情感交流的场所，也是主人款待亲朋好友的空间，因此餐厅的顶棚设计应该结合照明灯具营造温馨的氛围。餐厅常采用较低的悬吊式顶棚以及低色温的艺术吊顶，给人倍感亲切温暖的感觉。

（4）卧室的顶棚和照明设计。

卧室的主要功能是休息，简洁的室内构造不会分散主人的注意力，让其彻底卸下疲惫，美美的睡上一觉。因此卧室可以依据主人的需求制作成直接式顶棚，如果需要做造型顶，也仅仅是局部采用，否则会给人压抑的感觉。在照明的设计上，卧室不宜采用高色温直射式吊灯，而应采用低色温的壁灯、隐藏式灯带、吸顶灯，营造出适宜休息的氛围。

（5）书房的顶棚和照明设计。

书房的功能强调静谧，适宜工作、学习的场所。因此书房也可采用涂刷直接式顶棚。同时书房也是主人储藏喜好物、品茗的地方。所以书房的顶棚也可根据主人的多种需求应用造型、照明进行顶面的空间分隔。学习区的照明灯具多采用荧光灯直接照明；储藏柜的照明则可以采用射灯进行重点艺术照明；品茗区可采用较低的吊顶和低色温的中国元素式吊灯。

（6）过道的顶棚和照明设计。

过道的主要功能是引导、流通和过渡。因此，与其他空间相连接的过道宜采用较低的顶棚和亮度较低的照明灯具。

（7）卫、厨的顶棚和照明设计。

卫厨空间在设计中应着重考虑防水、防雾、防油、防电等安全性能。因此，卫厨空间的顶棚主要采用铝合金板面的整体吊顶或是塑钢条形扣板的整体吊顶。卫生间的灯具要注意防雾防水，可采用普通照明与高照度防雾灯具及通风口一体的浴霸；厨房的灯具宜采用防油的高色温吸顶灯。

4.2.2　顶面图的绘制

4.2.2.1　顶面图的绘制标准

顶棚虽然不及地面、立面平易近人，方便我们对顶面质感材质的触觉，但是顶面图仍然是室内设计方案的重要部分。顶面图的绘制需要以下规则。

（1）尺寸。

由于目前市面的居住空间净空都不是很高，除了卫生间因为下水弯管的原因我们顶棚需要下吊至高度为 2.5 ~ 2.6m 外，其他空间吊顶均控制在 2.7m 及以上才不会让生活其中的人感觉压抑。因此在顶面图尺寸的标注上，一定要遵循人的环境心理。另外，在标高方法上，我们也有两种表示，一种为正号标注，即从地面顶棚的高度；另一种为负号标注，即以原始顶层为基点，标注下吊的高度。如一住宅建筑层高 2.85m 标识为 ▽+2850，制作的局部吊顶高为 2.65m 标识为 ▽+2650，则我们也可以说局部吊顶下吊为 200mm 标识为 ▽-200。同时，顶面造型的尺寸也要详尽地标注出来。

（2）文字标注。

顶面的饰面材料、造型构造及色彩应该在图纸上准确地用文字说明标注出来，便于业主挑选材料及施工人员备料。

（3）顶面造型及灯具布置应结合整体空间布局而定，不应该平均对待。

在前面单元已经提过，顶面的造型设计也是划分空间功能的依据之一。所以，顶面的设计、绘制重点应该集中在客厅、餐厅，其他空间的顶面保证正常功能的使用即可，不必过于繁琐，喧宾夺主。

（4）绘制灯具及其他电器设备图例，方便业主的采购和电气施工人员进行顶面的电路布线施工及对空间整体电路布置的通盘考虑。

4.2.2.2　顶面图的绘制内容

顶面图的绘制内容包括以下 7 个方面（见图 4-2-17）。

（1）天花表面处理方法、主要材质、天花平面造型。

（2）天花灯具布置形式。

（3）如果安装有中央空调的话，则需绘制空调的主机及出回风位置、排气设备位置。

（4）如果需要窗帘盒，则要绘制出窗帘盒位置及做法。

（5）对于复式住宅楼则需绘制中庭、中空标高位置。

（6）以地面为基准或以原始顶层为基准，标出所有空间天花标高（使用专用标高符号）。

（7）造型复杂的天花须标出施工大样索引和剖切方向。

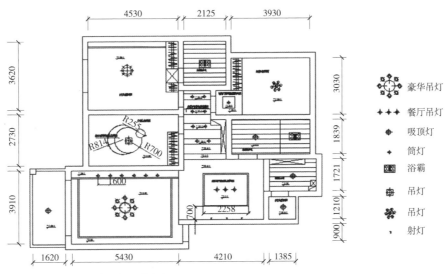

图 4-2-17　住宅整体顶棚设计方案

实训一　校外实践——吊顶施工的考察学习

1. 实训目的

（1）进一步学习顶棚构造。

（2）学习顶棚施工的工艺流程。

（3）了解顶棚材料的质感、色彩、光泽。

（4）了解市场的各类灯具的款式、光色、照度。

2. 实训内容

选择几处家装施工现场，让学生每3人一组，到施工现场进行考察学习。认真观看施工工人的顶棚制作工程，并考察材料市场中各类顶面材料和灯具的款式、色彩等。

3. 实训要求

（1）制作顶面材料的考察报告。

（2）拍摄重要顶棚构造照片若干张。

（3）绘制施工现场中客厅、餐厅顶棚的构造图，比例自定。

4. 实训时间

6课时。

实训二　绘制顶面设计及灯具布置图

1. 实训目的

（1）通过顶面图的绘制，培养学生的层高尺度感。

（2）培养学生能依据空间总平面图及立面图考虑顶棚设计的整体思维意识。

（3）能熟练运用顶棚材料的质感、色彩、光泽，结合造型营造空间整体氛围。

2. 实训内容

依据模板2中实训的户型，让学生结合平面图、立面图独立绘制顶面设计及灯具布置图。

3. 实训要求

（1）绘制顶面造型设计图。

（2）正确标注各级吊顶层高及材料。

（3）合理布局灯具，并标注灯具名称。

4. 实训时间

12课时。

模块 5 | 绿化陈设设计

课题5.1
绿化设计

● 学习目标

通过本章的学习，了解绿化的作用，理解绿化的选择原则及寓意要求，掌握室内绿化的布置方法。

● 学习任务

如何通过绿化来烘托气氛、柔化室内人工环境，彰显不同空间特色及不同业主爱好的自我色彩。突出室内绿化改革室内小气候和吸附粉尘的功能，及室内绿化给室内带来自然气息、给人赏心悦目感受，且解决如何在高节奏的现代社会生活中协调人们的心理并使之平衡。

● 任务分析

识记不同的木本植物、草本植物、藤本植物、肉质植物等，领会组织空间，引导空间、创造氛围的作用，根据重点装饰与边角点缀的方式，根据绿化的用途和意义，合理选择绿化并巧妙搭配，突出空间重点。

5.1.1　绿化设计的作用

室内绿化在现代室内设计中具有不能代替的特殊作用。室内绿化在我国的发展历史悠远，最早可追溯到新石器时代，从浙江余姚河姆渡新石器文化遗址的发掘中，获得一块刻有盆栽植物花纹的陶块。河北望都一号东汉墓的墓室内有盆栽的壁画，绘有内栽红花绿叶的卷尚圆盆，置于方形几上，盆长椭圆形，内有假山几座，长有花草。另一幅也画着高髻侍女，手托莲瓣形盘，盘中有盆景，长有植物一棵，植株上有绿叶红果。唐章怀太子李贤墓，甬道壁画中，画有仕女手托盆景之像。可见当时已有山水盆景和植物盆景。东晋王羲之《朿书堂贴》提到莲的栽培，"今年植得千叶者数盆，亦便发花相继不绝"，这是有关盆栽花卉的最早文字记载；其次，据传孟蜀时也多次设宴召集百官赏花，故有"殿前排宴赏花开"之句；再则，苏东坡曾云："宁可食无肉，不可居无竹。"杜甫诗云："卜居必林泉，结庐锦水边"，并常以花木寄托思乡之情。

在西方也一样，古埃及画中就有不列队手擎种在罐里的进口稀有植物，据古希腊植物学志记载有500种以上的植物，并在当时能制造精美的植物容器，在古罗马宫廷中，已有种在容器中的进口植物，并在云母片作屋顶的暖房中培育玫瑰花和百合花。至意大利文艺复兴时期，花园已很普通，欧洲19世纪的"冬季庭园"（玻璃房）已很普遍。

21世纪60～70年代，室内绿化已为各国人民所重视，引进千家万户。植物是大自然生态环境的主体，接近自然，接触自然，使人们经常生活在自然中。改善城市生态环境，崇尚自然、返璞归真、愿望和需要，在当代城市环境污染日益恶化的情况下显得更为迫切。因此，通过绿化室内把生活、学习、工作、休息的空间变成"绿色的空间"，是环境改善最有效的手段之一，它不但对社会环境的美化和生态平衡有益，而且对工作、生产也会有很大的促进。人类学家哈·爱德华强调人的空间体验不仅是视觉而是多种感觉，并和行为有关，人和空间是相互作用的，当人们踏进室内，看到浓浓的绿意和鲜艳的花朵，听到卵石上的流水声，闻到阵阵的花香，在良好环境知觉刺激面前，不但感到社会的关心，还能使精力更为充沛，思路更为敏捷，使人的聪明才智更好地发挥出来，从而提高工作效率。这种看不见的环境效益，实际上和看得见的超额完成生产指标是一样重要的。室内绿化具有改革室内小气候和吸附粉尘的功能，更为主要的是，室内绿化使室内环境生机勃勃，带来自然气息，令人赏心悦目，起到柔化室内人工环境，在高节奏的现代社会生活中具有协调人们心理并使之平衡。

室内陈设艺术也不同于一般的装饰艺术，不片面追求富丽堂皇的气派和毫无节制的排场，它强调科学性、技术性和学术性。陈设与室内环境，犹如公园里的花草树木、山、石、小溪、曲径、水榭是赋予室内空间生机与精神价值的重要元素。室内空间如果没有陈设品将是非常乏味和缺乏活力。犹如仅有骨架没有血肉的躯体一样是不完善的空间。可见室内陈设艺术在现代室内空间设计中占据重要的位置。同时它对现代室内空间设计也起到很大的作用（见图5-1-1、图5-1-2）。

图 5-1-1 室内陈设

图 5-1-2 室内绿化

绿化、陈设等室内设计的内容，相对地可以脱离界面布置于室内空间里。在室内环境中，实用和观赏的作用都极为突出，通常它们都处于视觉中显著的位置，家具还直接与人体相接触。同时在室内设计中陈设和绿化是一个有机联系的整体：光、色、形体让人们能综合地感受室内环境，光照下界面和家具等是色彩和造型的依托"载体"，灯具、陈设又必须和空间尺度、界面风格相协调，对烘托室内环境气氛，形成室内设计风格等方面起到举足轻重的作用。

室内绿化装饰是指按照室内环境的特点，利用室内观叶植物为主的观赏材料，结合人们的物质和精神生活所需，对使用的器物和场所进行美化装饰。其基本目的一方面要达到使用功能，组织空间、引导空间。利用绿化组织室内空间、强化空间。让人们置身于自然环境中，享受自然风光合理提高室内环境的物质水准，改善室内环境、气候；另一方面要起到抚慰人心、陶冶情趣的作用，使人从精神上得到满足，不论工作、学习、休息，都能心旷神怡，悠然自得。提高室内空间的生理和心理环境质量，柔化空间，增添空间情趣（见图5-1-3）。

图 5-1-3 观叶植物

（1）装饰美化环境。

根据室内环境状况进行绿化布置，协调整个环境要素，将个别的、局部的装饰组织起来，以取得总体的美化效果。装饰中的色彩冲击力强，常常左右着人们的视觉，绿叶花枝的点缀让室内建筑结构出现的线条刻板与呆滞的形体得以灵动。

　　绿化对室内环境的美化作用主要有两个方面：一是植物本身的美，包括它的色彩、形态和芳香；二是通过植物与室内环境恰当地组合，有机地配置，从色彩、形态、质感等方面产生鲜明的对比，而形成美的环境。绿色植物美化室内空间要符合艺术规律，不能妨碍日常的室内活动。植物布局应与周围环境形成一个整体。选择植物量和植株高度应根据建筑空间的大小而定。为了既满足植物合理的生长空间和光照条件，又满足人的视觉感受，植物的高度一般不超过空间高度的 2/3，否则，会造成空间压抑感。

　　（2）改善室内生活环境、净化空间、调节气候、增添室内生气。

　　1）环境对人们的身心健康起着重要的作用，室内布置除了必要的生活用品及装饰品摆设外，不可缺少具有生活趣味的气息、知觉感和兴趣，使人享受到大自然的美感和舒适。

　　2）绿化也可以有效防尘、吸收有害气体、减轻噪音污染。植物经过光合作用可以吸收二氧化碳，释放氧气，而人在呼吸过程中，吸入氧气，呼出二氧化碳，从而使大气中氧和二氧化碳达到平衡，同时通过植物的叶子吸热和水分蒸发可降低气温，在冬夏季可以相对调节温度，在夏季可以起到遮阳隔热作用，在冬季，据实验证明，有种植阳台的毗连温室比无种植的温室不仅可造成富氧空间，便于人与植物的氧与二氧化碳的良性循环，而且其温室效应更好（见图 5-1-4）。

　　3）植物的自然形态有助于打破室内装饰直线条的呆板与生硬，通过植物的柔化作用补充色彩，美化空间，使室内空间充满生机。

　　（3）改变室内的空间结构，起联系引导空间、强化、突出空间重点的作用。

　　1）可根据人们对空间的流线及空间视觉感受需求，运用绿化进行室内空间区域划分、妥善处理空间中的死角、弥补室内房间空虚感等装饰作用，起到组织空间、引导空间、柔化空间的作用。以绿化分隔空间的范围是十分广泛的，如在两厅室之间、厅室与走道之间可分隔成两个小空间，此外在空间的交界线，如室内外之间、室内地坪高差交界处等，都可用绿化进行分隔。如起空间分隔作用的围栏（见图 5-1-5）。

图 5-1-4　绿化改善室内环境

图 5-1-5　绿化可改变室内空间结构

　　2）许多居住空间中常利用绿化的延伸联系室内外空间，起到过渡和渗透作用，通过连续的绿化布置，强化室内外空间的联系和统一。绿化在室内的连续布置，从一个空间延伸到另一个空间，特别在空间的转折、过渡、改变方向之处，更能发挥空间的整体效果。绿化布置的连续和延伸，如果有意识地强化其突出、醒目的效果，那么，通过视线的吸引，就起到了暗示和引导作用。

　　3）对于重要的部位，如正对出入口，起到屏风作用的绿化，可采用悬垂植物由上而下进行空间分隔。在大门入口处、楼梯进出口处、交通中心或转折处、走道尽端等，是重要视觉中心位置，是必须引起人们注意的位置，因此，常放置特别醒目的、更富有装饰效果的、甚至名贵的植物或花卉，使起到强化空间、重点突出的作用。

（4）陶冶情操，抒发情怀，创造氛围。

人的大部分时间是在室内度过的，室内环境封闭而单调，接触自然的时间比较少。人性本能地对大自然有着强烈的向往。随着现代社会生活节奏的加快和工作竞争的加剧，人的精神压力也不断加大，加上城市生活的喧闹，使人们更加渴望生活的宁静与和谐，所以人们都希望通过室内绿化来实现并拥有一块属于自己的温馨舒适的小天地，植物最能代表大自然，进行室内的绿化设计，把大自然的花草引入室内，使人仿佛置身于大自然之中，从而达到放松身心、维持心理健康的作用。此外，人们在不断进行室内绿化养护和管理的过程也能陶冶情趣、修养身心。

5.1.2　绿化设计的要点

5.1.2.1　绿化设计基本认识

宋洪迈《问故居》云："古今诗人，怀想故居，形之篇咏必以松竹梅菊为比、兴。"王摩诘诗曰："君自故乡来，应知故乡事，来日绮窗前，寒梅着花未？"杜公《寄题草堂》云："四松初移时，大抵三尺强。别来忽三载，离立如人长"等。旧时把农历 2 月 15 日定为百花生日，或称"花朝节"。古蜀把每年的农历 6 月 24 日定为莲花生日，名"观荷节"。这说明绿化设计从古至今都受到了高度重视。在不破坏家居的整体风格及空间作用下，绿化能够很随意地进行布置。植物不仅能够当做陈设，还能够用来填补室内空间的死角。只要构思巧妙，一丛绿叶就能够营造出一个轻松的虚拟空间，为室内增添生机。融入主人的亲身个性、文化素养、民族信仰、特殊爱好等外在因素。且结合一些形式美法则，来营造一个舒适的室内气氛。

（1）主要表现形式：盆栽、盆景、插花、水培花卉（见图 5-1-6、图 5-1-7）。

图 5-1-6　盆栽绿化

图 5-1-7　插花绿化

（2）室内绿化基本要领：按目的进行布置、选位置、民族习惯及空间主人的生活习惯。

1）按目的、意义进行布置。

室内绿化的布置在不同的场所，如门厅、客厅、餐厅以及卧室等，均有不同的要求，应根据不同的任务、目的和作用，采取不同的布置方式，根据居室空间的作用、大小、风格及本身所处的位置不同，选择不同的色彩、质地材料、家具摆设、款式及结构进行装饰。也就是根据装饰的室内光、温、湿等生态条件选择是否喜光的、是否耐阴、观花还是观果或是观叶的植物；其次，就是不同的季节选择不同的绿化。再则，不同植物寓意不同，借花咏志、寄情与花。

2）研究摆放位置。

首先要讲究效果，如大型的观叶植物、漂亮的花盆及花架的款式、色彩与空间格调的统一性等。再则就是绿化摆放布置给人的舒适程度感如何，如视觉、嗅觉。重点装饰和边角点缀，结合家具、陈设等绿化、组成背景，形成对比、垂直绿化，沿窗布置绿化。随着空间位置的不同，绿化的作用和地位也随之变化，可分为：①处于重要地位的中心位置，如客厅；

②处于较为主要的关键部位，如出入口处；③处于一般的边角地带，如墙边角隅。

应根据不同部位，选好相应的植物品色。但室内绿化通常总是利用室内剩余空间，或不影响交通的墙边、角隅，并利用悬、吊、壁龛、壁架等方式充分利用空间，尽量少占室内使用面积。同时，某些攀缘、藤萝等植物又宜于垂悬以充分展现其风姿。因此，室内绿化的布置，应从平面和垂直两方面进行考虑，使形成立体的绿色环境。

（3）室内绿化的原则：协调、符合造园学、美学、实用、经济原则。

室内绿化首先应做与环境及色彩相协调、和谐，如：考虑与建筑风格的统一、与季节及节日的协调、与空间大小相适应、与色彩相协调等。充分发挥其形、姿、色的特点，营造具构图合理、色彩协调、形式和谐美感的统一与变化、规则式、自然式的环境，符合功能的要求，达到装饰美学与实用、经济效果的高度统一（见图5-1-8）。

（4）根据植物本身的生态习性和栽培特点来布置主要考虑到植物对光、湿、温度、修剪的要求和休眠期管理各不相同。木本植物、草本植物、藤本植物、肉质植物。根据南北方气候的不同和植物的特性，在室内放置不同的植物。通过它们对空间占有、划分、暗示、联系、分隔从而化解不利因素。

（5）根据与主人的性格和不同的工作、生活习惯的特点相适应。

图5-1-8　绿化应美观、经济、实用

方法一致，作用各异。要根据空间主人有不同的身份、特点及喜好，如今时代自我意识彰显、多元文化融合，陈设也与时俱进，更能表述心态上的自然、轻松和随意，格调高雅、造型优美，具有一定文化内涵的陈设品使人怡情悦目。

5.1.2.2　绿化设计的材料与运用

联系室内外的方法是很多的，如通过铺地由室外延伸到室内，或利用墙面、天棚或踏步的延伸，也都可以起到联系的作用。但是相比之下，都没有利用绿化更鲜明、更亲切、更自然、更惹人注目和喜爱。绿色植物，不论其形、色、质、味，或其枝干、花叶、果实，所显示出蓬勃向上、充满生机的力量，引人奋发向上，热爱自然，热爱生活。植物生长的过程，是争取生存及与大自然搏斗的过程，其形态是自然形成的，没有任何掩饰和伪装。不少生长在缺水少土的山岩、墙垣之间的植物，盘根错节，横延纵伸，广布深钻，充分显示其为生命斗争和无限生命力，在形式上是一幅抽象的天然图画，在内容上是一首生命赞美之歌。它的美是一种自然美，洁净、纯正、朴实无华，即使被人工剪裁，任人截枝斩干，仍然显示其自强不息、生命不止的顽强生命力。因此，树桩盆景之美与其说是一种造型美，倒不如说是一种生命之美。人们从中可以得到万般启迪，使人更加热爱生命，热爱自然，陶冶情操，净化心灵，和自然共呼吸。

布置在交通中心或尽端靠墙位置的，也常成为厅室的趣味中心而加以特别装点。这里应说明的是，位于交通路线的一切陈设，包括绿化在内，必须以不妨碍交通和紧急疏散时不致成为绊脚石，并按空间大小形状选择相应的植物。如放在狭窄的过道边的植物，不宜选择低矮、枝叶向外扩展的植物，否则，既妨碍交通又会损伤植物，因此应选择与空间更为协调的修长的植物。

树木花卉以其千姿百态的自然姿态、五彩缤纷的色彩、柔软飘逸的神态、生机勃勃生命，恰巧和冷漠、刻板的金属。玻璃制品及僵硬的建筑几何形体和线条形成强烈的对照。例如：乔木或灌木以其柔软的枝叶覆盖室内的大部分空间；蔓藤植物，以其修长的枝条，从这一墙面伸展至另一墙面，或由上而下吊垂在墙面、柜、橱、书架上，如一串翡翠般的绿色枝叶装饰着，并改变了室内空间并予以一定的柔化和生气。这是其他任何室内装饰、陈设所不能代替的。此外，植物修剪后的人工几何形态，以其特殊色质与建筑在形式上取得协调，在质地上又起到刚柔对比的特殊效果（见图5-1-9）。

（1）重点装饰与边角点缀。

把室内绿化作为主要陈设并成为视觉中心，以其形、色的特有魅力来吸引人们，是许多厅室常采用的一种布置方式，它可以布置在厅室的中央。

（2）结合家具、陈设等布置绿化。

室内绿化除了单独落地布置外，还可与家具、陈设、灯具等室内物件结合布置，相得益彰，组成有机整体。

（3）组成背景、形成对比。

绿化的另一作用，就是通过其独特的形、色、质，不论是绿叶或鲜花，不论是铺地或是屏障，集中布置成片的背景。

（4）垂直绿化。

垂直绿化通常采用天棚上悬吊方式。

（5）沿窗布置绿化。

靠窗布置绿化，能使植物接受更多的日照，并形成室内绿色景观。可以作成花槽或低台上置小型盆栽等方式（见图5-1-10）。

图 5-1-9　刚柔对比的绿化效果

图 5-1-10　沿窗布置绿化

（6）一定量的植物配置。

5.1.2.3　室内绿化植物的选择和陈设

（1）室内绿化植物的选择。

不同的植物种类有不同的枝叶花果和姿色，例如一丛丛鲜红的桃花，一簇硕果累累的金橘，给室内带来喜气洋洋，增添欢乐的节日气氛。苍松翠柏，给人以坚强、庄重、典雅之感。如绿色植物和洁白纯净的兰花，使室内清香四溢，风雅宜人。此外，东西方对不同植物花卉均赋予一定象征和含义，如我国比喻荷花为"出淤泥而不染，濯清涟而不妖"，象征高尚情操；比喻竹为"未曾出土先有节，纵凌云霄也虚心"，象征高风亮节；称松、竹、梅为"岁寒三友"，梅、兰、竹、菊为"四君子"；喻牡丹为高贵，石榴多子，萱草为忘忧等。在西方，紫罗兰为忠实永恒；百合花为纯洁；郁金香为名誉；勿忘草为勿忘我等。

植物在四季时空变化中形成典型的四时即景：春花，夏季，秋叶，冬枝。一片柔和翠绿的林木，可以一夜间变成猩红金黄色彩；一片布满蒲公英的草地，一夜可变成一片白色的海洋。时迁景换，此情此景，无法形容。因此，不少宾馆设立四季厅，利用植物季节变化，可使室内改变不同情调和气氛，使旅客也获得时令感和常新的感觉。也可利用赏花时节，举行各种集会，为会议增添新的气氛，适应不同空间使用的光照是影响植物生长和发育的主要因素，室内绿化植物的选择要考虑适合植物正常生长需要的光照、温度和湿度；植物的体量要与空间大小相适应，不同大小的空间要选择不同体量的植物材料。植物的形态、质感、色彩要与房间的用途相协调，如书房配置文竹、兰花之类，能使空间显得典雅和幽静。某些植物，如夹竹桃、梧桐、棕榈、大叶黄杨等可吸收有害气体，有些植物的分泌物，如松、柏、樟桉、臭椿、悬铃木等具有杀灭细菌作用，从而能净化空气，减少空气中的含菌量，同时植物又能吸附大气中的尘埃从而使环境得以净化。

（2）室内绿化植物的陈设。

室内绿化植物要选择合适的种植容器，采用恰当的陈设方式，外加灯光照射等艺术处理。

1）种植容器。

室内绿化植物的种植容器分为普通栽植盆、套盆和种植槽3种类型。套盆也称外盆，它的底部没有排水孔，主要作用是套在普通栽植盆外面，起隐藏和装饰作用；种植槽也是一种底部没有排水孔的容器。若将普通盆用于室内种植，须加套盆或集水盘，防止水分流出。容器颜色需与植物及摆设空间的颜色协调一致，容器的大小也要与植物的大小相配，以保证植株的正常生长，达到容器与植株在视觉上的均衡。

2）陈设方式。

室内绿化植物一般可采取如下方式陈设：置于地板上（适于较大型的盆栽，特别是形态醒目，结构鲜明的植物）；置于家具或窗台上（适于较小型的盆栽，因为只有将它们置于一定的高度，才能取得较好的观赏视角，从而具有理想的观赏效果）；置于独立式基座上（适于具有长而下垂茎叶的盆栽，为了与室内装潢的格调协调，可选用仿古式基座（如根雕基座）、或形式简洁的直立式石膏基座、玻璃钢仿石膏基座；悬吊于天花板（适于枝条下垂的植物，如吊兰、鸟巢蕨等，悬吊可以使下垂的枝条生长无阻，而且最易吸引人的视线，产生特殊效果）；附挂于墙壁之上（适于蔓性植物和小型开花植物，蔓性植物常用来勾勒窗户轮廓，开花植物凭借其艳丽色彩与淡雅的墙面形成对比）。

3）灯光处理。

灯光照明一方面能改善植物的光照条件，促进植物生长（适宜使用日光型荧光灯）；另一方面能营造特殊的夜间气氛（适宜使用聚光灯或泛光灯），照明的方式分为投射照明、向上照明和背面照明。向上照明方式是把灯光设在植物前方，主要目的是在墙上产生特殊效果的阴影；背面照明方式是将灯光隐藏在植物后方，使植物在背光的情况下产生晦暗的轮廓，产生玲珑剔透的效果。

（3）不同居室空间的绿化布置。

室内绿化的布局可归纳为点式、线式和面式 3 种基本布局形式。点式布局就是独立或成组集中布置，往往布置于室内空间的重要位置，成为视觉的焦点，所用植物的体量、姿态和色彩等要有较为突出的观赏价值；线式布局就是植物成线状（直线或曲线）排列，其主要作用是引导视线，划分室内空间，作为空间界面的一种标志，选用植物要统一，可以是同一种植物成线状排列，也可以是多种植物交错成线状排列；面式布局就是成块集中布置，强调量大，大多用作室内空间的背景绿化，起陪衬和烘托作用，它强调的是整体效果，所以，在体、形、色等方面应考虑其总体艺术效果。

Dr.D.G Hessayon 将家居植物摆设分为 6 个区域，据他的统计，79% 的家庭将植物置于客厅，51% 的家庭将植物置于厨房，34% 的家庭将植物放在门廊及楼梯间，28% 的家庭将植物置于餐厅，12% 的家庭将植物置于浴室，11% 的家庭将植物置于卧室。据笔者的观察，中国老百姓的居室绿化优先布置的空间顺序是：阳台、客厅、餐厅、卧室。因为厨房与浴室面积相对狭小且污染较大，所以，基本上没有人布置绿化。

1）客厅绿化。

图 5-1-11　陈设搭配绿化

客厅是日常起居的主要场所，空间相对要大，所以客厅绿化布置应成为居室绿化的重点。单功能客厅的绿化陈设主要是沙发、坐椅、茶几、电视、音响等，进行绿化布置时要注意数量、品种不宜太多。较大空间的客厅，入口处可放置插花、盆景，起到迎宾作用；客厅中央可放置一到两盆较为高大的南洋杉、苏铁等来分割空间；墙角柜旁、窗边可放置龟背竹、橡皮树、棕竹等。多功能厅要兼具客厅、餐厅甚至书房的作用，它的主要位置一般安排沙发，再配以茶几组成交谈中心。沙发旁也可摆放盆花，茶几上摆插花，房角可布置较大盆栽如橡皮树、绿萝等，也可利用盆栽来分割空间，隔离出会谈、进餐、学习等空间（见图 5-1-11）。

2）阳台和窗台绿化。

开敞式阳台是较好的休息和眺望场所，面积较大者通过合理的绿化布置可使人仿佛置身于自然环境之中；若与鸟笼和水族箱相结合，效果更为理想。面积较小的则通过摆设不同种类的中小盆栽，或在屋顶悬挂垂盆植物，也可以创造较好的景观效果。窗台也是布置绿化的好场所，在窗台上悬吊绿化植物，可以柔化单调僵硬的建筑线条，使其显示出生机和活力。若在窗台上设置种植槽，槽内种植色彩鲜艳的四季花草和小型灌木，效果更为理想。阳台绿化的重要部分，有助于增进食欲、融洽感情。室内植物的装饰效果一般要比静物（如风景画）好，即使是一小瓶插花，其生机盎然的花朵与绿叶，除美观外，也有助于增进食欲。在餐厅角落可摆放凤梨类、棕榈类等叶片亮绿的观叶植物或色彩缤纷的中型观花植物。餐桌上的植物装饰不宜繁杂，简洁者一瓶插花即可。

3）卧室绿化。

卧室是休息和睡眠的地方，应创造宁静、温馨、休闲和舒适的气氛。较为宽敞的卧室可使用站立式的大型盆栽；小些的卧室可选择吊挂式的盆栽，或将植物套上精美的套盆后摆放于化妆台或窗台上，如茉莉花、夜来香等能散发香味的植物，可使人在淡雅的香气中酣然入睡。

课题5.2
陈设设计

● 学习目标

通过本章的学习，了解室内陈设的作用，理解室内陈设的布置设计技术要点，掌握室内陈设设计的方法及对室内环境风格形成的影响。

● 学习任务

如何让室内陈设设计更具科学性、技术性，让室内陈设的选择及布置对室内风格表达更具说服力和观赏价值。

● 任务分析

首先，应认识到室内陈设艺术在现代室内空间设计中占据着重要的位置。其次，区分室内陈设艺术与一般的装饰艺术的不同。陈设与室内环境，犹如公园里的花草树木、山、石、小溪、曲径、水榭是赋予室内空间生机与精神价值的重要元素——仅有骨架没有血肉的躯体一样是不完善的空间，陈设设计会让室内空间因陈设品的存在更环保、更有内涵且充满活力。再次，辅导学生陈设设计和空间尺度、界面风格的协调，烘托室内环境气氛，形成室内设计风格。

5.2.1 室内陈设的作用

陈设艺术设计的宗旨就是创造一种更合理、舒适、美观的环境空间。陈设艺术的历史是人类文化发展的缩影，陈设艺术反映了人们由愚昧到文明，由茹毛饮血到现代化的生活方式。在漫长的历史进程中，不同时期的文化赋予了陈设艺术不同的内容，也造就了陈设艺术的多姿多彩的艺术特性。随着时代的进步，家具在具实用功能的前提下，其艺术性还在被人们所重视。一幅画、一个造型丰满的陶罐、一组怀旧的照片、一小株自己栽培的植物，自己精心加工的小工艺品，只要有利于怡心、养智，便能够为所欲为。例如：广州某室内中庭，陈设了一组以"故乡水"为主题的室内山水，陈设中的山水与百舸争流滔滔的沙面水景以及沙面园林绿化呼应协调，室内外空间环境与陈设交相结合、水乳交融，在这样的环境下，人们的心情得到了愉悦，满足了观赏者和使用者的心理需求，使人流连忘返，给人留下美好的印象（见图5-2-1）。室内陈设设计的具体作用分析如下：

（1）改善空间形态、创造二次空间，丰富空间层次。

在室内空间中由墙面、地面、顶面围合的空间称之为一次空间，但一般情况下很难改变其形状，除非进行改建，但这是一件费时、费力、费钱的工程，而利用室内陈设物分隔空间就是首选的好办法，利用家具、

图 5-2-1　陈设的多样性

124

地毯、雕塑、景墙、水体等创造出二次空间，使其层次丰富，使用功能更趋合理，更能为人所用，是个经济又实用的方式。通过陈设对空间进行视觉上的领域感和心理情感上的归属感，增强了其独立性和私密性。

（2）柔化室内空间。

现时代的高楼大厦使人们更强烈要求柔和、闲适的空间。现代科技的发展，城市钢筋混凝土建筑群的耸立，大片的玻璃幕墙，光滑的金属材料，凡此种种构成了冷硬、沉闷的空间，使人愈发不能喘息，人们企盼着悠闲的自然境界，强烈的寻求个性的舒展。因此织物、家具等陈设品的介入，无疑使空间充满了柔和与生机、亲切和活力。

（3）烘托室内氛围。

气氛即内部空间环境给人的总体印象。如欢快热烈的喜庆气氛，亲切随和的轻松气氛，深沉宁重的庄严气氛，高雅清新的文化艺术气氛等。而意境则是内部环境所要集中体现的某种思想和主题。与气氛相比较，意境不仅被人感受，还能引人联想给人启迪，是一种精神世界的享受。意境好比人读了一首好诗，随着作者走进他笔下的某种意境。除了安逸、美观、舒适的基本需求，还应有其特定的氛围（见图 5-2-2）。

图 5-2-2　陈设烘托气氛

（4）强化室内风格。

不同时代、国家、民族的文化赋予了陈设艺术不同的内容，形成了各式各样的风格。利用陈设的造型、色彩、图案、质感等特性进一步加强环境的风格化。现代风格更接近于人民大众。在新时代里，作为满足人们生活需要的艺术陈设，必须满足人们心理和生理的变化与发展的需要。以家具为例，曾为我国的家具史和陈设写过光辉的一章，成为优秀的文化遗产的明式家具，已逐渐为现代的组合家具所取代，传统的红木家具被改变为层压弯曲新工艺制成的大工业家具，以追求气派为主要目的的太师椅也被能满足人们舒适要求的弹簧沙发所取代。现代家具的风格是随着工业社会的大发展和科学技术的发展应运而生的。家具材料异军突起，不锈钢、塑胶、铝材和大块的玻璃被广泛地使用。线条、色彩、光线和空间开始了新的对话营造出了室内空间的现代气氛。处于不同社会阶层的人们，由于物质条件和自身条件的限制在陈设品的选择上往往大相径庭，从而形成了多种多样的室内设计风格。

（5）调节环境色调。

室内陈设色彩与空间的搭配，既要满足了审美的需要，又要充分运用色彩美学原理来调节空间的色调，这对人们的生理和心理健康有着积极的影响。室内环境的色彩是室内环境设计的灵魂，室内环境色彩对室内的空间感度、舒适度、环境气氛、使用效率，对人的心理和生理均有很大的影响。在一个固定的环境中最先闯进我们视觉感官的是色彩，而最具有感染力的也是色彩。不同的色彩可以引起不同的心理感受，好的色彩环境就是这些感觉的理想组合。人们从和谐悦目的色彩中产生美的遐想，化境为情，大大超越了室内的局限。人们在观察空间色彩时会自然把眼光放在占大面积色彩的陈设物上，这是由室内环境色彩决定的。室内环境色彩可分为背景色彩、主体色彩、点缀色彩 3 个主要部分（见图 5-2-3）。

1）背景色彩常指室内固有的天花板、墙壁、门窗、地板等建筑设施的大面积色彩。根据色彩面积的原理，这部分色彩宜采用低彩度的沉静色彩，如采用某种倾向于灰调子的较微妙的颜色使它能发挥其作为背景色的衬托作用。

2）主体色彩是指可以移动的家具、织物等中等面积的色彩。实际上是构成室内环境的最重要部分，也是构成各种色调的最基本的因素。

3）点缀色彩是指室内环境中最易于变化的小面积色彩，如壁挂、靠垫、摆设品。往往采用最为突出的强烈色彩。

陈设物的色彩既作为主体色彩而存在，又作为点缀色彩。可见室内环境的色彩有很大一部分由陈设物决定的。室内色彩的处理，一般应进行总体控制与把握，即室内空间六个界面的色应统一协调，但过分统一又会使空间显得呆板、乏味，陈设物的运用，点缀了空间丰富了色彩。陈设品千姿百态的造型和丰富的色彩赋予室内以生命力，使环境生动活泼起来。需要注意的是，切忌为了丰富色彩而选用过多的点缀色，这将使室内显得凌乱。应充分考虑在总体环境色协调的前提下适当的点缀，以便起到画龙点睛的作用（见图5-2-4）。

图 5-2-3 室内色调环境

图 5-2-4 陈设背景、主体与点缀色的运用

（6）体现地域特色，反映民族特色，陶冶个人情操。

在今天全球化的大环境下，怎样保护并发扬文化的这一类地域特性是一个值得探讨的课题。民族这一概念，一般指的是共同的地域环境、生活方式、语言、风俗习惯以及心理素质的共同体形。不同民族有不同民族的精神、性格、气质、素质和思想，不同地区的人们有不同的行为方式和审美情趣，不同的空间主人有不同的身份、特点及喜好，如今时代自我意识彰显、多元文化融合，陈设也与时俱进，更能表述心态上的自然、轻松和随意，格调高雅、造型优美，具有一定文化内涵的陈设品使人怡情悦目，陶冶情操。我们中华民族具有自己的文化传统和艺术风格，同时，其内部各个民族的心理特征与习惯、爱好等也有所差异。这一点在陈设品中应予以足够的重视。例如信仰伊斯兰教的民族，忌用猪作为陈设图案；而自视为龙凤后代的汉民族，由于代代相承的传统和习俗，大量装饰纹样中都有龙凤题材，龙凤寓意"吉祥"。传统的汉居中，太师壁前陈列祖宗的牌位、香炉、烛台等。彝族将葫芦作为他们的图腾崇拜而陈列于居室的神台上。著名的塔尔寺，地处青藏高原，采用悬挂各种帐幔、彩绸天棚、藏毯裹柱等来装饰室内空间，对建筑物起到了防风沙的保护作用，也形成了该建筑的独特风格。

（7）空间的寓意。

一般的室内空间应达到舒适美观的效果，而有特殊要求的空间则应具有一定的内涵，如纪念性室内空间，传统空间等。

图 5-2-5 陈设营造的空间寓意

现代陈设品已超越其本身的美学界限而赋予室内空间以精神价值。如在书房中摆设根雕、中国画、工艺造型品、古典书籍、古色古香的书桌书柜等。这些陈设品的放置营造出一种文化氛围，使人们以在此学习为乐，进一步激发人们的求知欲。在这样的环境中人会更加热爱生活。我们可以看到很多艺术工作者在自己的室内空间放置既有装饰性又有很高艺术性的陈设品。这些陈设品有很多是他们自己设计并制作的，在制作的过程中，不仅发挥了自己的特长，美化了环境，还使人们从中学到了书本上没有的东西提高了人们的艺术鉴赏能力，增加了生活的情趣（见图5-2-5）。

5.2.2 陈设设计的要点

5.2.2.1 室内陈设的方法

室内陈设的大原则：从大处着眼、细处着手，总体与细部深入推敲；从里到外、从外到里，局部与整体协调统一；意在笔先或笔意同步，立意与表达并重。

1. 风格基调定位

一个空间必须有明确的整体气氛，如欢快热烈的喜庆气氛、亲切随和的轻松气氛、深沉凝重的庄严气氛、高雅清新的文化艺术气氛等。室内空间不同的风格，如古典风格、现代风格、中国传统风格、乡村风格、朴素大方的风格、豪华富丽的风格，陈设品的合理选择对室内环境风格起着强化的作用。我们在模块 2 中已经向大家详细的讲述过，我们在这里主要介绍几种其他的风格。

因为陈设品本身的造型、色彩、图案、质感均具有一定的风格特征，所以，它对室内环境的风格会进一步加强。古典风格通常装潢华丽、浓墨重彩、家具样式复杂、材质高档、做工精美。有的以时代命名，如路易时代或维多利亚时代。在我国，一般都采用欧洲一些明显的室内设计风格，作为我们发展的理性原则。例如，古希腊、罗马的柱式、空间装饰形象及处理手法等建筑及室内的语言符号被重新组合起来运用。在内部的装修中采用欧式风格。例如欧式柱体、壁炉已成为了室内一部分，而在陈设中大量放置仿欧家具，意大利的家具已成为高薪消费层的首选品。在墙面上镶嵌不同的油画等。具体风格分析如下。

（1）西洋古典主义风格。

西洋古典主义风格包括古罗马式、哥特式、文艺复兴式、巴洛克式、洛可可式等。欧洲古典建筑内部空间较高大，往往以壁炉为中心来组合家具。装饰造型严谨，天花、墙面与绘画、雕塑、镜子等相结合，室内装饰织物的配置也十分讲究，注重艺术品的陈设。室内灯光采用烛形水晶玻璃组合吊灯及壁灯、壁饰等。关于新古典主义新古典成为了最近几年的家居中的热门风格。住在新古典风格中会给人以传统、中正、稳重、经典、高雅和大气的感受，所以一般来说新古典主义比较适合有一定生活阅历和积淀的业主。讲究周正和对称首先新古典主义的空间分布是严格对称的，也就是说室内空间主要以方形、矩形为主，不会出现多边形，圆形等不规则的形状。正是因为新古典主义具备这一特点，才会让人感觉到它的稳重和大气。如空间不周正对称的户型必须通过墙体改造等方式把空间划分整齐以后才可以做新古典风格，而实在是达不到要求的户型，最好就放弃作新古典风格的想法，避免做出来的效果不伦不类。除了空间上的讲究以外，我们很容易发现新古典风格里家具配饰的摆设也是讲究对称的。这种对称不但不会给人以单调死板的印象，反而会给人以平衡的、端庄的美感。

（2）中国传统风格。

中国传统风格室内多为对称的空间形式，室内多为对称的空间形式，木结构的梁架、斗拱、撑间等都以其结构与装饰的双重作用成为室内艺术形象的一部分。室内的天花与藻井、装修、家具、字画等均作为一个整体来处理。室内除固定的隔断和隔扇外，还使用可移动的屏风、半开敞的罩、博古架等家具相结合，对于组织空间起到增加层次和深度的作用。在室内色彩方面，宫殿建筑室内的梁、柱常用强烈红色，天花藻井绘有各种彩画，用强烈鲜明的色彩，取得对比调和的效果。南方则常用栗色、黑墨绿色等色彩，与白墙灰瓦形成秀丽淡雅的格调，崇尚庄重与优雅。以对称空间形式为主，梁架、斗拱、撑间都以其结构与装饰的双重作用成为室内艺术形象的一部分。

（3）和式风格。

和式风格追求的是一种休闲、随意的生活意境。空间造型极为简洁，在设计上采用清晰的线条，而且在空间划分中摒弃曲线，具有较强的几何感。和式风格特点概括为以下几点（见图 5-2-6、图 5-2-7）。

1）实用性：和室装饰之所以能在世界装饰上独占一席，其特点就它的实用性远远高于其他风格的装饰，白天，在其中放上几个坐垫、摆上一张矮几，这个空间就可以当作客厅、餐厅儿童房和书房；晚上将卧具铺在榻榻米席面上，这个空间就成了卧室。解决业主客房、次卧利用率低的烦恼，对于住房并不宽裕的人来说，"一室多用"也是最佳的设计，这是其他风格的装饰所不能比的；

图 5-2-6　和式风格陈设意境

图 5-2-7　和式风格陈设的实用、自然环保

2）风格独特：以简约为主，日式家居中强调的是自然色彩的沉静和造型线条的简洁，和室的门窗大多简洁透光，家具低矮且不多，给人以宽敞明亮的感觉，因此，和室也是扩大居室视野的常用方法；

3）材料自然环保：从选材到加工，和室材料都是精选优质的天然材料（草、竹、木、纸），经过脱水、烘干、杀虫、消毒等处理，确保了材料的耐久与卫生，既给人回归自然的感觉，又不会有对人体有害的物质。

（4）伊斯兰传统样式。

伊斯兰建筑普遍使用拱券结构。拱券的样式富有装饰性，建筑和廊子三面围合成中心庭院，中央是水池。伊斯兰建筑有两大特点：一是券、弯顶等多种花式；二是大面积表面图案装饰。券形成有双圆心尖券，马蹄形券、火焰式券及花瓣形券等。室外墙面主要用花式砌筑进行装饰，随后又陆续出现了平浮雕式彩绘和琉璃砖装饰。室内用石膏作大面积浮雕、涂绘装饰，以深蓝、浅蓝两色为主。室内多用华丽的壁毯和地毯装饰，爱好大面积的色彩装饰。伊斯兰风格图案多以花卉为主，曲线匀整，结合几何图案，其室内多缀以《古兰经》中的经文，装饰图案以其形、色的纤丽为特征，以蔷薇、风信子、郁金香、菖蒲等植物为题材，具有艳丽、舒展、悠闲的效果。

（5）后现代主义派。

现代主义强调建筑和室内设计的复杂性与矛盾性；反对简单化、模式化；讲求文脉，追求人情味；崇尚隐喻与象征手法；大明运用装饰和色彩；提倡多样化和多元化。在造型设计的构图理论中吸收其他艺术或自然科学概念，如片断、反射、折射、裂变、变形等。也用非传统的方法来运用传统，以不熟悉的方法来组合熟悉的东西，用各种刻意制造矛盾的手段，如：断裂、错位、扭曲、矛盾共处等，把传统的构件组合在新的情境之中，让人产生复杂的联想。在室内大胆运用图案装饰和色彩；室内设置的家具、陈设艺术品往往被突出其象征隐喻意义，室内环境设计不仅要提供给人们一个使用功能合理的室内场所，还要以提供给人们一个能够反映历史、文化、价值、尊严的场所为目标，从地域的历史出发，从地域的文化传统出发，突出民族文化渊源的形象特征，创造一个使人获得归宿感的环境，一个设计师和使用者相互认同的场所。这种设计风格，具有文脉主义倾向，在后现代主义设计风格中简称为"文脉"（见图 5-2-8）。

图 5-2-8　后现代主义的陈设设计

（6）新古典主义派。

新古典主义派要注重装饰效果，用室内陈设品来增强历史感，烘托复古氛围；白色、金色、黄色、暗红色是新古典风格中常见的主色调，选择合适的颜色会使家居装饰看起来更加光艳亮丽。新古典主义以尊重自然、追求真实、复兴古代的艺术形式为宗旨，特别是古希腊、古罗马文明鼎盛期的作品，或庄严肃穆、或典雅优美，但不照抄古典主义，并以摒弃抽象、绝对的审美概念和贫乏的艺术形象而区别于 16、17 世纪传统的古典主义。新古典主义风格还将家具、石雕等带进了室内陈设和装饰之中，拉毛粉饰、大理石的运用，使室内装饰更讲究材质的变化和空间的整体性。家具的线形变直，不再是圆曲的洛可可样式，装饰以青铜饰面采用扇形、叶板、玫瑰花饰、人面狮身像等。新古典主义的设计风格其实就是经过改良的古典主义风格。一方面保留了材质、色彩的大致风格，仍然可以很强烈地感受传统的历史痕迹与浑厚的文化底蕴，同时又摒弃了过于复杂的机理和装饰，简化了线条。新古典主义的灯具则将古典的繁杂雕饰经过简化，并与现代的材质相结合，呈现出古典而简约的新风貌，是一种多元化的思考方式。将怀古的浪漫情怀与现代人对生活的需求相结合，兼容华贵典雅与时尚现代，反映出后工业时代个性化的美学观念和文化品位。新古典主义的设计风格其实是经过改良的古典主义风格。欧洲文化丰富的艺术底蕴，开放、创新的设计思想及其尊贵的姿容，一直以来颇受众人喜爱与追求。新古典风格从简单到繁杂、从整体到局部，精雕细琢，镶花刻金都给人一丝不苟的印象。一方面保留了材质、色彩的大致风格，仍然可以很强烈地感受传统的历史痕迹与浑厚的文化底蕴，同时又摒弃了过于复杂的肌理和装饰，简化了线条。览尽所有设计思想、所有设计风格，无外乎是对生活的一种态度而已。为业主设计适合现代人居住，功能性强且风景优美的古典主义风格时，能否敏锐地把握客户需求实际上对设计师们提出了更高的要求。无论是家具还是配饰均以其优雅、唯美的姿态，平和而富有内涵的气韵，描绘出居室主人高雅、贵族之身份。常见的壁炉、水晶宫灯、罗马古柱亦是新古典风格的点睛之笔。高雅而和谐是新古典风格的代名词。白色、金色、黄色、暗红色是欧式风格中常见的主色调，少量白色糅合，使色彩看起来明亮、大方，使整个空间给人以开放、宽容的非凡气度，让人丝毫不显局促。新古典主义的灯具在与其他家居元素的组合搭配上也有文章。在卧室里，可以将新古典主义的灯具配以洛可可式的梳妆台，古典床头蕾丝垂幔，再摆上一两件古典样式的装饰品，如小爱神——丘比特像或挂一幅巴洛克时期的油画，让人们体会到古典的优雅与雍容。现在，也有人将欧式古典家具和中式古典家具摆放在一起，中西合璧，使东方的内敛与西方的浪漫相融合，也别有一番尊贵的感觉。

新古典主义派（历史主义派）是致力于在设计中运用传统美学法则来使现代材料与结构的建筑造型和室内造型产生出规整、端庄、典雅、有高贵感的一种设计潮流，反映了世界进入后工业化时代的现代人的怀旧情绪和传统情绪，提出了"不能不知道历史"的口号，号召设计师们要"到历史中去寻找灵感！"新古典主义派的作法是在现代结构、材料、技术的建筑内部空间用传统的空间去处理和装饰手法（适当简化），以及陈设艺术手法来进行设计，使古典传统样式的室内具有明显的时代特征。

（7）光洁派。

光洁派盛行于 20 世纪 60、70 年代的室内设计流派。光洁派的室内设计师们擅长于抽象形体的构成，常常用雕塑感的几何构成来塑造室内空间，室内空间具有明晰的轮廓，功能上实用、舒适，在简洁明快的空间里运用现代材料和现代加工技术；高精度的装修和家具传递着时代精神，使这些产品、部件的高精密度表象成为欣赏的对象，因而无需其他多余的装饰来画蛇添足。现代主义建筑大师密斯·凡德罗提出的"少就是多"，是这一派设计师们遵循的信条。光洁派是晚期现代主义极少主义派的演变，因此又称为极少主义派。

（8）高技派。

高技派活跃于 20 世纪 50 年代末至 70 年代的设计流派，在许多人强调建筑的共生性、人情味和乡土化的今天，高技派的设计作品在表现时代情感方面也在不断地探索新形式、新手法。高技派反对传统的审美观念，强调设计作为信息的媒介和设计的交际功能，在建筑设计和室内设计中采用新技术，在美学上极力鼓吹表现新技术的做法，包括了第二次世界大战后"现代主义建筑"在设计方法中所有"重理"的方面，以及讲求技术精美和"粗野主义"倾向。

图 5-2-9　肌理派的墙面陈设设计

（9）肌理派。

肌理派在室内设计中充分显示材质肌理效果和特色，以及运用现代高科技加工工艺创造出新的材质肌理效果，并将其尽情表现，或运用材质的粗犷有力，或高精细腻，或材柔质软，或挺拔坚硬，或华贵雅致，或朴拙生动，或浓密繁琐，或平淡简约等。这些材质肌理的展示往往会牵动人们的情丝，启发人们的联想，引导人们介入，从一种氛围中体验意境。所以，通过强调材质肌理效果来增大室内设计艺术力度的手法可称为肌理派审美设计（见图 5-2-9）。

（10）立体派。

立体派是一种绘画流派，又称立体主义，20 世纪初兴起于法国，开始于高更、卢梭、赛尚绘画形体表现上的革命，即努力使画面物体从主观空间中解放出来，把物体还原成几何形体，再进行坚实的构成。或者否定传统绘画对形体的定点观察，将对象分解为若干视向的几何切面，然后加以主观地并置、重叠，以表示物体、长宽、高、深的主体空间。立体派设计用于空间环境，其表现特点不同于绘画，着重强调三维空间造型，再加上时间因素的四维空间创造。在人的活动中，环境景观随之变换，造型设计强调雕塑感与力度。

（11）色调派。

色调派以设计手法的突出特征——色调来命名的设计派别。蓝色给人以稳重、宁静、洁净的感觉和强烈的色彩印象。故色调派室内很受人们的欢迎。在同一色调中可用同类色的退晕手法进行配置，使其在统一中富有韵律变化。在现代艺术设计中，统一色调的设计手法更为广泛运用。

（12）白色派。

白色派在室内设计中大量运用白色构成了这种流派的基调，故名白色派。室内造型设计可简洁，也可富于变化。白色派是在后期现代主义的早期阶段就流行开来的，因受到人们的喜爱，至今仍流行于世。早期后现代主义学术团体"纽约五人"的建筑师们即已在设计中偏重白色。由于白色给人以纯净、文雅的感觉，又能增加室内乐观感或让人产生美的联想。白色以外的色彩往往会给人们带来特有的感受，而白色不会限制人的思路。使用时，又可以调和、衬托或者对比鲜艳的色彩装饰。与一些刺激色（如红色）相配时也能产生美好的节奏感。因此，近代以来许多室内设计采用白色调，再配以装饰和纹样，产生出明快的室内效果。

（13）风格派（抽象派）。

风格派始于 20 世纪 20 年代，以荷兰画家蒙德里安为代表的美术流派，强调纯造型的表现，认为"把生活环境抽象化，这对人们的生活就是一种真实"。在室内设计中常运用几何形体及红、黄、蓝三原色块，间以黑白、灰无色彩系色彩配置。不对称的垂直水平线构图和填入部分原色块。空间穿插变化，外部空间与内部空间既变化又协调，无论是建筑外部视觉效果或是室内空间的构图效果，都像冷抽象绘画般具有鲜明的特征和个性。

（14）混合派（混合型风格）。

在多元文化的今天，室内设计也呈现多元化趋势，室内设计遵循现代实用功能要求，在装修装饰方面融汇古今中西于一体。只要觉得合适，得体的陈设艺术皆可拿来结合使用或作点缀之用。设计手法不拘一格，但设计师应注重深入推敲造型、色彩材质、肌理等方面的总体构图效果和气氛。

（15）未来派（超现实主义派）。

未来派在室内设计中追求所谓超现实的纯艺术，通过别出心裁的设计，力求在建筑所限定的"有限空间"内运用不同的设计手法以扩大空间感觉，来创造所谓"无限空间"，创造"世界上不存在的世界"。反映了超现实派的设计师们在世界充满矛盾与冲突的今天，逃避现实的心理寄托。超现实派的室内设计作品中反映出由于刻意追求造型奇特而忽略了室内功能要求的设计倾向，以及为了实现这些奇特造型又要不惜工本，因此，不能被多数人所接受。该流派的设计作品数量不多。只是因其大胆猎奇的室内造型特征，在多元化艺术发展的今天受人注目（见图 5-2-10）。

（16）超级平面美术。

20 世纪后期作为环境艺术设计的一种手段，并以城市建筑规模展开的印刷平面美术被称为"超级平面美术"。它们不是单单以传递情报为目的的印刷平面美术，而是对生活环境的形成产生强有力的影响，因此又被称为"环境平面美术"。超级平面美术的室内设计，室内外设计手法互为借用，把外景引入室内并大胆地运用色彩，其色彩之浓重有时远远地超过了人们过去习惯上可以接受的程度。由于色彩丰富，色块图形变化自由，又可以照明巧妙地结合起来，包括了霓虹灯在室内的运用，使室内具有通透变化的空间效果。超级平面美术也许还受到了中国古建筑彩画作法的影响，因为不受构件限制的涂饰易于更新变换，环境平面美术在室内的应用也就越来越普及起来（见图 5-2-11）。

图 5-2-10　超现实主义的陈设设计　　　　　　　　　　　图 5-2-11　超平面陈设

（17）超现实派。

超现实派追求所谓超越现实的艺术效果，在室内布置中常采用异常的空间组织，曲面或具有流动弧形线型的界面，浓重的色彩，变幻莫测的光影，造型奇特的家具与设备，有时还以现代绘画或雕塑来烘托超现实的室内环境气氛。超现实派的室内环境较为适应具有视觉形象特殊要求的某些展示或娱乐的室内空间。

（18）解构主义派。

解构主义是 20 世纪 60 年代，以法国哲学家 J·德里达（L Derfida）为代表所提出的哲学观念，是对 20 世纪前期欧美盛行的结构主义和理论思想传统的质疑和批判，建筑和室内设计中的解构主义派对传统古典、构图规律等均采取否定的态度，强调不受历史文化和传统理性的约束，是一种貌似结构构成解体，突破传统形式构图，用材粗放的流派（见图 5-2-12 ~ 图 5-2-14）。

（19）装饰艺术派。

装饰艺术派起源于 20 世纪 20 年代法国巴黎召开的一次装饰艺术与现代工业国际博览会，后传至美国等各地，如美国早期兴建的一些摩天楼即采用这一流派的手法。装饰艺术派善于运用多层次的几何线型及图案，重点装饰于建筑内外门窗线脚、槽口及建筑腰线、顶角线等部位。上海早年建造的老锦江宾馆及和平饭店等建筑的内外装饰，均为装饰艺术派的手法。近年来一些宾馆和大型商场的室内，出于既具时代气息，又有建筑文化的内涵考虑，常在现代风格的基础上，在建筑细部饰以装饰艺术派的图案和纹样。

图 5-2-12　解构主义陈设　　　　　　图 5-2-13　解构主义陈设　　　　图 5-2-14　解构主义陈设

（20）听觉空间。

大约在 20 世纪 70 年代之后，日本盛行起来的现代室内设计中有关"听觉空间"创造的设计手法，在艺术形式上从具象向抽象转变，由直观具体联想的环境创造向着运用抽象化、符号化的启迪连带意识手法的尝试，在空间上把"视觉空间"升华为"听觉空间"的意境创造。"听觉空间"的室内设计手法和特征可概括为：在室内设计时，强调室内空间形态和物件的单纯性、抽象化特点；重视空间中物体的相关性，即物与物之间的关系、物与人之间的关系、物与空间之间的关系。运用单纯的直线、几何形体或具有节奏的反复的符号化图案等，抑或采用小波浪形状、锯齿形状及反复运用的边缘处理。也有运用画有细密格子的板面，反复凹凸的肋拱板面等。再结合素材的肌理效果，色彩变幻效果，使这些板和线的垂直水平交错的构成关系产生出有音乐意境的空间效果，室内陈设、家具等也像配乐一样有节奏地进行组合配案。这种强调关系的重要性的作法被称为"视觉配乐"。它创造出视觉的、有节奏的、联想的"听觉空间"。

（21）回归自然派。

近代工业高速发展带来经济发达和社会繁荣，同时导致了世界范围内自然环境和生态平衡的破坏。住在城市水泥方盒子中的人们向往自然，提倡天然食品，喝自然饮料，用自然材质，渴望住在天然绿色环境中，这种回归自然的趋势，反映在室内设计活动中称为"回归自然派"。它提倡运用天然材质，如木、竹、草、石等，塑造具有自然情趣的环境。

图 5-2-15　室内陈设照明艺术

2. 陈设照明的艺术

（1）照度与效果。

（2）色光与气氛。

（3）对比度、光照度与人的心理感受。

（4）灯具的构图效果与照明表现力（见图 5-2-15）。

5.2.2.2　室内陈设的布置原则

形式美原则：对比、和谐、对称、均衡、比例、视觉重心、联想与意境、节奏与韵律、层次、呼应、延续、简洁、独特、色调。

（1）对比。

对比是艺术设计的基本造型技巧，把两种不同的事物、形体、色彩等做对照，就称为对比。如方圆、新旧、大小、黑白、深浅、粗细、高矮、胖瘦、爱憎、喜忧等。

把两个明显对立的元素放在同一空间中，经过设计，使其既对立又协调，既矛盾又统一。在强烈反差中获得鲜明形象性，求得互补和满足的效果。在室内陈设设计中，往往通过对比的手法，强调设计个性，增加空间层次，给人们留下深刻的印象。

（2）和谐。

和谐包含协调之意。室内陈设设计应在满足功能要求的前提下，使各种室内物体的形、色、光、质等组和得到协调，成为一个非常和谐统一的整体，在整体中的每一个"成员"，都在整体艺术效果的把握下，充分发挥自己的优势。和谐还可分为环境及物体造型的和谐、材料质感和谐、色调的和谐、风格式样的和谐等。和谐能使人们在视觉上、心理上获得平静、平和的满足。

（3）对称。

古希腊哲学家毕达哥拉斯曾说过："美的线型和其他一切美的形体都必须有对称形式。"对称是形式美的传统技法。中国几千年前的彩陶造型证明，对称早为人类认识与运用。对称原本是生物形体结构美感的客观存在，人体、动物体、植物枝叶、昆虫肢翼均为对称形，对称是人类最早掌握的形式美法则。对称又分为绝对对称和相对对称。上下、左右对称，同形、同色、同质为绝对对称，而在室内陈设设计中，经常采用的是相对对称，如：同形不同质感；同形同质感不同色彩；同形同色不同质地的都可称之为相对对称。对称给人感受秩序、庄重、整齐即和谐之美。

（4）呼应。

面对高大起伏、群峦的大声呼唤，几秒钟后必有回声反应，这种物理现象称为"呼应"。呼应如同形影相伴，在室内陈设布局中，顶棚与地面，桌面及其他部位，采取呼应的手法，形体的处理，会起到对应的作用。呼应属于衡的形式美，是各种艺术常用的手法，呼应也有"相应对称"、"相对对称"之说，一般运用形象对应、虚实气势等手法求得呼应的艺术效果。

（5）均衡。

生活中金鸡独立，演员走钢丝，从力的均衡到稳定的视觉艺术享受，使人获得均衡心理。均衡是依中轴线，中心点不等形而等量的形体、构件、色彩相配置。均衡和对称形式相比较，有活泼、生动、和谐、优美之韵味。在室内陈设设计中，是指室内空间布局上，各种物体的形、色、光、质进行等同的量与数的均等，或近似相等的量与形的均衡。

（6）层次。

一幅装饰构图，要分清层次，使画面具有深度、广度更加丰富。缺少层次则感到平庸。室内陈设设计同样要追求空间的层次感。如色彩从冷到暖，明度从亮到暗，纹理从复杂到简单，造型从大到小、从方到圆、从高到低、从粗到细，构图从聚到散，质地的单一到多样，空间形体的实与虚等都可以看成富有层次的变化。层次的变化可以取得极其丰富的陈设效果，但需用恰当的比例关系和适合现定空间层次的需求，适宜的层次处理，才能取得良好的装饰效果。

（7）延续。

延续是指连续伸延。人们常用"形象"一词指一切物体的外表形状，如果将一个形象有规律地向上或向下、向左或向右，连续下去就是延续。这种延续手法运用于空间之中，使空间获得扩张感，或导向作用，甚至可以加深人们对环境中的重点景物的印象。

（8）弯曲。

在室内环境中用弯曲的线、面表现空间的变化，活跃空间层次，打破火柴盒似的死板，在当今室内设计中广为运用。弯曲有活跃、柔和、神秘等特色是硬性的死板的空间环境和调剂。

（9）节奏。

同一单纯造型，连续重复所产生的排列效果，往往不能引人入胜，但是，一旦稍加变化，适当地进行长短、粗细、造型、色彩等方面的突变、对比、组合，就会产生出有节奏韵律，丰富多彩的艺术效果。节奏基础条件是条理性和重复性，节奏和韵律似孪生姐妹，节奏往往是反复机械之类，而韵律是情调在节奏中的作用，具有情感需求的表现。

（10）倾斜。

倾斜的反义词是平稳，垂直平行的陈设在室内环境中屡见应用。设计的灵魂贵在构思独特。倾斜的作法则是突破一般陈设规律大胆创新，留给人们感观的惊奇、新颖和回忆。倾斜的另一特点，在规矩的正方形、长方形空间里，斜线、斜体和垂直、水平线、面形成强烈的对比，使空间更加活泼生动。

（11）重复。

重复不是单一体，是单一体的次序组合，也有反复连续之意。建筑构件装饰上选取用相同构件重复排列，也能产生节奏，局部进行曲直、高低、粗细变化，还会形成韵味。室内陈设主要装饰往往采用相同的物件如乐器、扇子、瓷盘、风筝、鸟笼等，进行大小疏密的排列而取得装饰效果，是室内环境中常用的陈设手段。

（12）景点。

景点指室内重点墙面根据需求精选陈设物，巧妙地布局，集中表现。由于陈设物的种类繁多，材质丰富，构图多样，配合灯光的处理，可以呈现华贵、朴素、典雅、温馨的艺术效果。

（13）简洁。

简洁或称简练，指室内环境中没有华丽的修饰装潢和多余的附加物。以少而精的原则，把室内装饰减少到最小的程度。以为"少就是多、简洁就是丰富"。室内陈设艺术可以少胜多，以一当十，多做减法，删繁就简。简洁是当前室内陈设艺术设计中特别值得提倡的手法之一。

图 5-2-16　光与雕刻墙面的陈设设计

（14）光雕。

光雕有用光束雕塑形体之意，也可称之为虚的陈设。在当今室内环境中，运用光影装点环境已屡见不鲜，但能够恰到好处地运用则需动一番脑筋。一般要密切结合形体和光源，有主次、强弱、聚散的合理布局及色光的巧妙运用等，才能达到理想的陈设艺术效果（见图 5-2-16）。

（15）渐变。

一切生物的诞生、生长与消亡，皆在渐变，是事物在量变上的增减，但其变化是逐步按着比例的增减而使其形象由大到小，或由小到大的变化；色彩由明到暗、由暗到明；线型由粗到细、由细到粗；由曲到直、由直到曲的变化。甚至由具象的形体到抽象的几何渐变等。

（16）独特（特异）。

独特是突破原有规律、标新立异，引人注目。在大自然中，万绿丛中一点红，夜间群星中的明月，荒漠中的绿地都是独特的表现。独特具有比较性；掺杂于规模性之中，其程度可大可小，须适度把握，这里所讲的规律性是指重复延续和渐变近似的陪衬作用。独特是从这些陪衬中产生出来的，是相互比较而存在的。在室内设计中特别推崇有突破的想象力，以创造个性的特色。

（17）景观。

优美独特的景致供人观看欣赏称之为景观。这里是指室内空间环境中，根据室内环境陈设风格的需要，在地面或顶棚处设计制作引人入胜的陈设艺术品或悬吊饰物。景观是室内陈设中的集中点、焦点、视觉中心。它以自身的陈设魅力，给人们美妙遐想和精神的满足。

（18）仿生。

仿生是指用人工手段，将自然界中的生灵之物，进行仿造，作为装饰运用于环境设计中，或原样复制，以假乱真。设计中运用仿生的目的在于增加生活情趣，引发人们的遐想，满足回归自然的愿望，创造神奇的童话空间等。在现代设计中，越来越多的设计师，利用现代材料及高科技加工技术，创造出丰富多彩，引人入胜的理想环境。

（19）几何。

造型艺术中最基本的元素是由三角形、圆形、方形构成的，即由几何形构成。几何形属于抽象形，在室内陈设环境设计中运用过程，形成了手法简洁、曲直变化、方圆对比、色彩明快、节奏感强的环境特色。几何抽象造型在室内环境中的表现，因其简洁明快，与快节奏的时代生活相适应，因此给人以无限的遐想。几何造型艺术必将越来越受到人们的欢迎（见图 5-2-17）。

图 5-2-17　几何墙面及家具造型的陈设

（20）色调。

色调是构成造型艺术设计的重要因素之一。各种物体因吸收和反射光量的程度不同，而呈现出复杂的色彩现象，不同波长的可见光引起人视觉上不同的色彩感觉。如：红、橙、黄具有温暖、热烈的感觉，被称为暖色系列色彩。在室内陈设艺术中，可选用各类色调构成，选用不同色相决定其色调（或称基调）。色调有许多种，一般可归纳为"同一色调、同类色调、邻近色调、对比色调"等。在使用时，可根据环境的不同性能灵活掌握。

（21）质感。

质感也称材质肌理，是指物体表面的质感纹理，所有物体都有表面，因此，所有物体表面均有材质肌理。肌理给人有视觉及触觉感受：干湿、粗糙、细滑、软硬、有纹理与无纹理，有规律与无规律，有光泽和无光泽等。大自然中充满着各种材质肌理，这些不同材质肌理的物质，可由建筑师或室内陈设艺术设计师选择，以适应特殊环境的特定要求。如平淡派主张不要装饰，但在作品中却大量地选用材质肌理的对比变化来丰富室内空间层次，产生出较高的艺术品位。

（22）丰富。

丰富相对简洁而言，简洁是室内陈设艺术中，特别提倡的装饰手法。这里所指的"丰富"是要在简洁过程中，要求更加丰满、多姿、精彩、有情趣的美感效果。如在室内设计同种风格的把握下多加一些点缀物，在装饰处理上有更加深入细致的描绘，就能增加环境的层次和艺术效果，会给人们留有深刻长久的回味。宗教叙事性主题是一种非常古老的传统形式。古代壁画多以大量的宗教叙事作为墙壁艺术的第一主题。由于这种形式面积大、涵盖力强，可以讲故事的方式翔实地刻画主题人物，所以观众可以从变化丰富的造型语言中找寻那些自己所熟知的历史、文化和民俗典故。意大利是对欧洲文化历史的发展产生过积极影响的国家，悠久灿烂的古代文明一直影响至今。意大利壁画大多以宗教故事为创造题材，画面适形而绘，既古朴又典雅，历代的达官贵人对此情有独钟，把它视为宣扬家族史，为自己树碑立传的借助物，而作为公共环境里的墙饰艺术也不乏其例。

图 5-2-18　陈设的文化性体现

（23）创新性原则：有新意，设计突显个性与环境的结合。

（24）时代性原则：常结合新技术、新材料。

（25）生态性原则：考虑材料的环保性、节能性、可循环再生性及"以人为本"的舒适性。

（26）文化性原则：以国度或是风格及民俗为设计载体（见图 5-2-18）。

（27）整体性原则：空间的绿化与陈设

与整个空间的风格与色调相协调。

5.2.2.3 室内陈设的选择

陈设品选择与布置不仅能体现一个人的职业特征、性格爱好及修养、品位，还是人们表现自我的手段之一。例如，猎人的小屋陈设兽皮、弓箭、锦鸡标本等，显示了主人的职业以及他勇敢的性格。

1. 实用陈设

具有一定实用价值并兼有观赏性的陈设，灯具类、家具类、布艺、织物、器皿类。

（1）灯具类。

在室内陈设中起着照明的作用，从灯具的种类和型制来看作为室内照明的灯具主要有吸顶灯、吊灯、地灯、嵌顶灯、台灯等。

（2）家具类。

家具的设计以实用、美观、安全、舒适为基本原则（见图5-2-19～图5-2-21）。

图 5-2-19　家用性家具陈设　　　　图 5-2-20　美观性家具陈设　　　　图 5-2-21　安全、舒适性家具陈设

1）家具的功能分类。坐卧类家具、凭倚类家具、储存类家具、装饰类家具；家具根据结构形式分类：板框架家具和框架镶板家具；根据使用材料分类：木、藤、竹、家具具有质轻、高强、淳朴自然等特点；根据不同地域：明清时代家具、古埃及希腊罗马家具、巴洛克时期家具、洛可可时期的家具。

2）家具作为室内陈设的作用。识别空间性质、利用及组织空间（分隔、组织、填补空间）。

3）家具的选择与布置。位置合理、方便使用、节约劳动、丰富空间、改善效果、充分利用空间、重视效益。

4）家具形式和数量的确定。

5）家具布置的基本方法。

按家具在空间中的位置可分为：周边式、岛式、单边式、走道式；按家具布置与墙面的关系可分为：靠墙布置、垂直于墙面布置、临空布置；按家具布置格局可分为：对称式、非对称式、集中式、分散式。对称式布置，显得庄重、严肃、稳定而肃穆，适合于隆重、正规的场合；非对称式布置，显得活泼、自由、流动而活跃，适合于轻松、非正规的场合；集中式布置，常适用于功能比较单一、家具各类不多，房间面积较小的场合，组成单一的家具组；分散布置，常适用于功能多样、家具品类较多、房间面积较大场合，组成若干家具组团。

（3）织物类。

织物类目前已渗透到室内环境设计的各个方面，在现代室内设计环境中，织物使用的多少，已成为衡量室内环境装饰水平的重要标志之一。它包括窗帘、床罩、地毯沙发蒙布等软性材料。作为织物类的地毯可以创造象征性的空间，也称"自发空间"，在同一室内，有无地毯或地毯质地、色彩不同地面的上方空间，便从视觉上和心理上划分了空间，形成了领域感，比如大宾馆、大饭店的一层门厅，提供旅客办理住宿、手续、临时小憩的地方往往用地毯划分区域，用沙发分隔出小空间供人们休息、会客，而铺设地毯的地面，往往作为流通和绿化的空间。豪华的总统客房往往在铺满地毯的上方，在会客的环境区域在铺上精致的手工编织地毯，除了起到划分空间的作用，同时也形成室内的重点，或成为室内重点空间。

巧妙挂饰窗帘有 5 法：①巧饰扩窗帘、窗帘在居室中具有色彩和气氛的调节作用。它不仅可遮于窗户上，还可扩展应用，增添居室的气派和给人以舒畅的感觉。②巧饰分隔帘、可用分隔帘将狭长的客厅分隔成会客区和电视区，也可将卧室分隔成睡眠区和书房区。分隔帘建议最好采用深浅两种色调的窗帘布，制成两层双面，能给人各自成一种变化感。③巧饰吸音墙帘、有音响设施的居室，可选择较为厚实的绒质窗帘布作为吸音墙帘，落地拉在两面或三面墙上，便可有效防止声音的反射，使音响更为纯净动听。④巧饰背景帘、在客厅的一面有沙发靠背的墙上，装饰出拱门状一块 3 ～ 4m 宽的空间，其中挂上轻柔优美的丝质或纱质窗帘作为沙发背景，能使平淡的墙面造就艺术变化，增添温馨之气。⑤巧饰天花帘、在房间内的房顶处横向或纵向水平拉上数根细线，选择质地轻软的窗帘布作为天花帘披挂，并随着拉线等距呈现一个自然轻舒的垂弧状。

2. 艺术陈设

艺术陈设是一门研究建筑内部和外部功能效益及艺术效果的学科。从定义上讲艺术陈设是指以装饰观赏为主的陈设。它能表达一定思维、内涵和文化素养，对塑造室内环境形象、营造室内气氛及环境的创新起积极作用。如雕塑、字画、纪念品、工艺品、植物等（见图 5-2-22）。

选择艺术陈设时应遵循以下原则。

（1）简洁：以少生多，好的选择能形成微妙或夸张的最佳效果。

（2）创新：有突破性，有个性，通过创新反映独特的艺术效果。

图 5-2-22　艺术陈设设计

（3）和谐：品种、造型、规格、材质、色调的选择，使人们心理和生理上达到宁静、平和、温情等效果。

（4）有序：是一切美感的根本，是反复、韵律、渐次、和谐的基础，也是比例、平衡、均衡、对比、对称的根源，组织有规律的空间形态产生井然有序的美感。

（5）呼应：属于均衡的形式美，响应包括相应对称和相对对称。

（6）层次：要追求空间的层次感，如色彩从冷到暖，明度从暗到亮，造型从小到大、从方到圆、从高到低、从粗到细，质地从单一到多样，从虚到实等都可以形成富有层次的变化。

（7）质感：肌理让人们感觉到干湿、软硬、粗细、有纹无纹、有规律无规律、有光与无光，通过陈设的选择来适应建筑装饰环境的特定要求，提高整体效果。

实训一　举例说明至少10例世界大型公共空间陈设与绿化的运用，并手绘解析

例如某些大型建筑物入口大厅，厅的正前面挂着一大型浮雕，使该空间具有一定的文化艺术氛围，从而更好地体现出该建筑物的与众不同之处。在这里浮雕属于装饰类陈设物，起到修饰的效果的同时也烘托了气氛。人民大会堂顶部灯具的陈设形式，以五角星灯具为中心，围绕着五星灯具布置"满天星"使人很容易联想到在党中央的领导下"全国人民大团结"的主题。烘托出一种庄严的气氛。盆景、字画、古陶与传统样式的家具相组合，创造出一种古朴典雅的艺术环境气氛。地毯、帘饰等织物的运用使天花过高带来的空旷、孤寂感得到缓解，营造出温馨的气氛。

实 训 二 思 考 分 析 题 目

（1）结合实际论述家具设计在室内设计中的地位和作用。

（2）如何利用家具陈设组织一个固定空间、可变空间，多用透视方法画图。

（3）简述室内设计陈设与绿化的含义。

（4）一般灯具的布置方式：整体照明、局部照明、整体与局部照。

（5）试分析室内陈设艺术设计在各空间中的运用。

（6）找一份家装户型图对其室内陈设艺术设计在各空间中的运用进行分析。

模块 6 | 居住空间设计整周实训

居住空间设计实训，是在了解居住空间设计的基本原理、设计程序、设计方法和设计要领之后，进行的居住空间设计训练，是学习向应用过渡的一个重要环节，是将居住空间设计的理论知识和设计技能综合运用到具体的案例设计中去，是检查、考核、评价学生的专业理论基础知识和专业知识应用能力以及专业综合素质的一个重要依据。

6.1 实训任务描述

6.1.1 实训目的

（1）通过具体的设计案例，加深对室内设计的内容、要求与设计步骤的理解与掌握。

（2）以严谨的科学态度和正确的设计思想完成设计，培养独立设计能力，为今后从事室内设计工作打下良好的基础。

6.1.2 实训要求

（1）要求有较熟练的手绘能力和运用 AutoCAD、电脑效果图等电脑绘图软件进行设计的能力、模型制作能力，能以多种形式表达设计意图和表现设计效果。

（2）要求能恰当运用参考文献、设计手册，并了解和熟悉有关国家（部颁）标准、规范等，加强对室内设计的认识，培养独立分析问题和解决问题的能力。

（3）在方案设计中要侧重空间的功能设计，空间利用要合理，注重人体工程学在室内设计中的应用，去实地考察调研，使设计尽量切合实际。

6.1.3 课程设计方法和手段

校内集中进行。由教师命题，学生根据设计要求先提出初步方案由教师负责审定提出修改意见，由学生独立完成。

6.1.4 实训场所及实训设备要求

实训场所：设计室、图书馆、资料室、机房。

实训设备：PC 机、扫描仪、打印机及相关材料与设备、模型制作材料与工具。

6.1.5 实训时间：40课时

6.2 设计任务书

6.2.1 设计项目——居室空间室内设计

本案属于简单空间的设计课题，其设计目的是让学生对室内设计有初步了解，掌握基本的设计方法，对设计风格和流派有所认识，为今后全面展开设计课程做好准备。

6.2.2 设计理念

以人与自然为本，倡导生态设计的理念，体现环境保护与可持续发展的生态艺术设计，强调居住文化，创造符合人的使用功能需求、视觉审美的居住环境。

6.2.3 设计内容

（1）居住空间室内设计。

（2）居住空间家具设计。

6.2.4 设计条件

（1）给定建筑平面图及周边环境交待。

（2）自选平面或设计建筑平面。

6.2.5 设计要求

居室设计师"设计生活"，要求充分了解主人的生活习惯和审美爱好，进行合理的功能布局、家具布置、灯光照明设计、陈设品选用，设计出一个实用、美观、舒适、生机勃勃的居家环境。

6.2.6 图纸表达

（1）绘制总平面图及地面铺装。

（2）主要空间的各个立面（厨房立面必画）。

（3）设计一组和室内配套的家具，绘制三视图和透视图。

（4）透视效果图至少两张，表现手法不限，钢笔淡彩、水粉、水彩、马克笔都可。

（5）剖切大样、节点详图不少于4个。

（6）设计说明书（100字左右）。

（7）展板版面设计尺寸规格：A1（841mm×594mm），内容平面图、立面图、效果图、简要说明（图文可以从方案中精选。注意展示效果）、版头文字（居住空间设计课程习作、班级、姓名、学号、设计时间、指导教师）。

（8）将以上内容A4规格打印集册（附光盘）。

6.3 设计任务分析

拿到此设计任务之后，首先了解此单元的主要设计内容：为某业主设计一套住宅室内。这个业主可以是虚拟的，学生应先对业主的职业、年龄、家庭结构、审美爱好、生活习惯设定和分析。设计师的责任与义务是给人们创造一个温馨的家，创造一个符合业主行为方式、生活习惯、功能需要、心理需求、风水意识、文化取向、审美情趣、性格特征的高品质空间。

6.3.1 业主和空间调查

基于以上分析制定一份书面的课题报告，报告以下的内容：业主情况表、功能目标、设备需求、空间需求、方位及朝向、建筑结构状况、成本估算、空间与概念分析。

（1）业主情况表。

住宅是为业主设计的，他们既是最基本的设计元素，也是最终设计的评判者。可以通过业主调查表，尽可能多地了解有助于设计的信息。

1）详细了解业主的人数、年龄、性别、身材、活动及成员间的相互关系，满足每一个家庭成员的需求和家庭的总体需求，保证私密性和交往的需要。

2）详细了解业主花在各种家庭活动的时间，了解他们的生活态度和价值观，对他们的基本生活需求做一个系统的分析。

3）详细了解业主的爱好、文化背景、生活经历、个性、地位意识和对时尚流行的敏感性，这些都决定了设计的品位和格调（见图6-3-1、图6-3-2）。

（2）功能目标。

同一家庭不同成员对住宅设计的需求不同，作为设计师，要了解每一个的特殊需求和爱好，确定设计的功能目标。

（3）设备需求。

供水、供气、照明、取暖和制冷、电话、网络、安保系统是必须考虑的基本设备设施。

（4）空间需求。

根据业主情况表的内容，详细分析他们的生活需求，并将生活需求与开展这些活动的场所，即空间需求对照起来，绘制相互的关系表。例如，聊天、视听欣赏的活动在起居室完成；写字画画、上网可以在书房空间完成（见图6-3-3、图6-3-4）。

图6-3-1 玻璃屋的设计显示了主人对生活时尚与前卫的追求（摘自Details at the Harbourside）

图6-3-2 简洁的室内装饰使建筑空间与环境交融，成为视觉的中心（摘自"长城脚下的公社"——红房子，安东设计）

图6-3-3 风景成就了这幢住宅的奢华

图6-3-4 浴着和煦的阳光让心感到放松和慵懒（摘自"长城脚下的公社"项目，陈家毅设计）

（5）方位和朝向。

朝向是指根据日照、地形、风向和视野为各个房间选择最佳的方位。主卧室和客厅尽可能朝南，画室朝北比较适宜。

（6）建筑结构状况。

建筑结构往往会限制设计的自由度，如窗位、梁位、柱子、承重墙、剪力墙等，这些都是不可改动部分。有时一条梁会让设计师感到力不从心，如沙发、床的顶上有条大梁，不管你的设计处理多完善，业主都视之为不吉利。充分了解和利用建筑结构，是设计的基本出发点。

（7）成本估算。

成本对住宅室内设计至关重要，因此，一定要考虑总体造价，列出成本估算表格，在设计过程中控制造价。不要一味地追求高档材料，普通的材料通过精心的设计，同样可以起到理想的效果。

6.3.2　空间与概念分析

得到大量关于业主和住宅室内空间的信息之后，要系统整理、分析和评估这些信息。根据室内使用功能，住宅空间被分成许多区域，人在每一个区域完成不同的活动。在设计时应考虑到区域划分，使各空间之间的关系合理而实用。区域大致可分为四种：交际区、私人区、工作区和储藏区。

（1）交际区的要求。

这是以家庭公共需求为对象的综合活动场所，主要完成待客、休闲、娱乐、用餐等活动，可以是客厅、餐厅、娱乐室、视听室，也可以是阳台灯户外生活区。设计时要注意避免室外视线的干扰，要从人的活动出发考虑内部家具的摆放（见图 6-3-5）。

（2）私人区的要求。

卧室和卫生间是住宅空间最主要的私人区，设计中私密性的考虑很关键（见图 6-3-6）。

图 6-3-5　围合的沙发与大型吊灯呼应，形成一个良好的会客区

图 6-3-6　温馨、舒适、富于情调的卧室。在此，可以卸下一天的忙碌于紧张（摘自《再续简约》，梁志天著）

（3）工作区的要求。

住宅中常有的工作包括烹饪、洗熨衣、清洁、阅读、上网、收纳等，工作区的设计原则是高效、舒适，例如，厨房的设计从操作区域的设计开始，设计师应根据人体的烹饪习惯来设置食品储备区、厨具储备区、清洗区、准备区和烹饪区五大区域，形成一个功能合理，工作路径缩短，活动轻松舒适，操作流程顺畅的空间（见图 6-3-7、图 6-3-8）。

（4）储藏区的要求。

储藏功能在住宅中非常重要，设计师要尽可能多地设置储藏空间，如壁橱、储藏间、步入式衣帽间、橱柜等。储藏区的设计要遵循是"就近"和"分门别类"的原则（见图 6-3-9、图 6-3-10）。

图 6-3-7　有了宽敞明亮的厨房，何愁没有美味佳肴的享受

图 6-3-8　现代而简洁的书房，别致的陈设为它增色不少

图 6-3-9　一个色调优雅并追求享受的卫生间

图 6-3-10　分类储藏的衣帽间

6.3.3　方案设计

第三个阶段是以草图的方式表达设计概念，根据以上对住宅室内各个区域的分析，绘制泡泡图，显示各活动区域间的相互关系，然后逐步完善，最后架构空间序列，确定平面方案图（见图 6-3-11 ~ 图 6-3-13）。

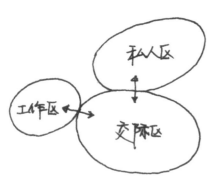

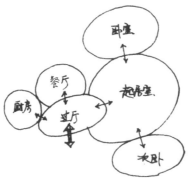

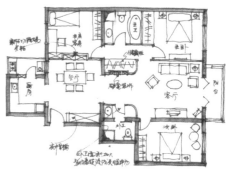

图 6-3-11　最初的草图展示了各活动区域及区域间的相互关系

图 6-3-12　经过完善与细化的泡泡图，表明了各个生活区的功能

图 6-3-13　在泡泡图的基础上，配合面积与尺度的把握，完成整个平面的布局

6.3.4　深化设计

平面图的深化；顶棚图的深化；立面图的深化；绘制效果图和剖面图（见图 6-3-14 ~ 图 6-3-18）。

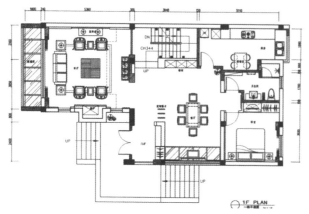

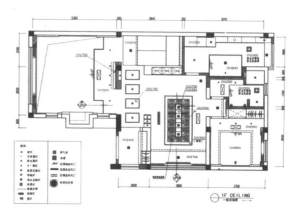

图 6-3-14　某别墅一层平面图

图 6-3-15　某别墅一层顶面图

144

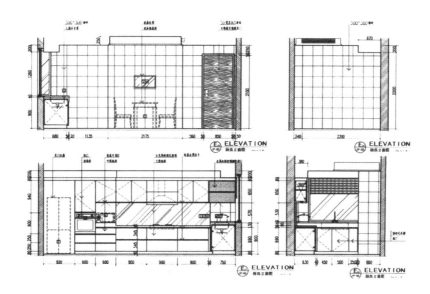

图 6-3-16　某别墅厨房立面图

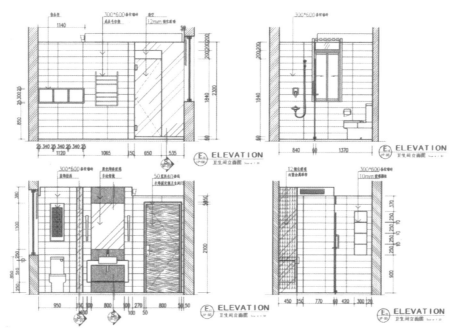

图 6-3-17　某别墅卫生间立面图

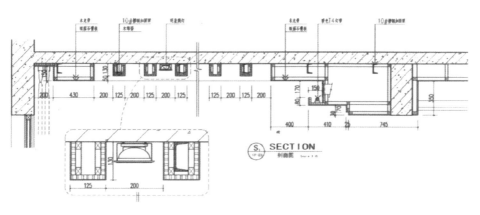

图 6-3-18　某别墅吊顶剖面图与详图

参 考 文 献

［1］ 赵晓飞.室内设计工程制图方法及实训.北京：中国建筑工业出版社，2007.

［2］ 李宏.建筑装饰设计.北京：化学工业出版社，2010.

［3］ 贾森.室内设计方案创意与快速手绘表现提高.北京：中国建筑工业出版社，2006.

［4］ 李咏絮.手绘效果图.上海：上海人民美术出版社，2009.

［5］ 程宏，樊灵燕，赵杰.室内设计原理.北京：中国电力出版社，2008.

［6］ ［英］卡罗琳，克利夫顿，莫格，等.完全家装装修.北京：北京科学技术出版社，2007.

［7］ 曹干，高海燕.室内设计.北京：科学出版社，2007.

［8］ 北京万亮文化传播有限公司.室内细部之个性家居.北京：人民交通出版社，2007.

［9］ 来增祥，陆震纬.室内设计原理（上册）.北京：中国建筑工业出版社，1997.

［10］ 高祥生，韩巍，过伟敏.室内设计师手册（上）.北京：建筑工业出版社，2001.

［11］ 骆中钊，骆伟，张宇静.住宅室内装修设计.北京：化学工业出版社，2010.

［12］ 王晖.住宅室内设计.上海：人民美术出版社，2011.

［13］ 孔小丹，戴素芬.居住空间设计实训.上海：东方出版中心，2009.

［14］ 吕薇露，张曦.住宅室内设计.北京：机械工业出版社，2011.

［15］ 吴剑锋，林海.室内与环境设计实训.上海：东方出版中心，2008.

［16］ 台湾麦浩斯《漂亮家居》编辑部.台湾设计师不传的私房秘技——主墙设计500.福建：福建科学技术出版社，2011.

［17］ 刘怀敏.居住空间设计.北京：机械工业出版社，2012.

［18］ 李映彤.居住空间设计.北京：化学工业出版社，2010.

［19］ 黄凯旗.室内装饰工程与环境评测实用技术.北京：化学工业出版社，2006.

［20］ 吴月淋，李晓霞.生态环境与室内设计.大舞台2011年第7期.

［21］ 王朝熙.装饰工程手册.第2版.北京：中国建筑工业出版社，1994.

［22］ 黄白.建筑装饰施工技术.北京：中国建筑工业出版社，1996.

［23］ 邓琛，等.室内设计基础.南京：南京大学出版社，2008.

［24］ 刘杰，等.居住空间室内设计.长春：东北师范大学出版社，2011.

［25］ 隋洋.室内设计原理.吉林：吉林美术出版社，2007.